輕鬆搞定
商業簡報製作

PowerPoint

（適用2016 & 2019版）

作者序

緣起

十多年前專責系上招生業務，到高職畢業班進行招生宣導成為基本作業，一份美觀、動聽的簡報就是最佳武器，我與夥伴各自編輯一個版本，唉…真是人比人死、貨比貨丟，我的簡報真是毫無美感，根本拿不出手！還好…，阿恭就是有見賢思齊的上進心，改版→改版→再改版，一份份利用簡單色彩、圖案、圖片、影片，稍堪入目的招生簡報產生了。

中繼

隨著技職體系招生環境的大轉變，筆者也必須進行專業轉型：軟體操作→資訊管理→商業管理，瞬間變成全仗一張嘴的藝人了，表演當然必須有劇本，一門課 2～3 小時，必須有準備充足的：笑話、故事、案例，大量的 Google 搜尋→案例整合→圖片搜尋→影片搜尋，以講故事→案例討論為主軸的簡報教材一份份的產生了，更是全省辦教師研習到處分享教案。

當下

寫了 5 本資訊、商業管理類書籍後，磨練出一套【凡】人製作簡報的心法，20 年前的學生透過網路找到我，邀約到元智大學教授簡報製作工作坊課程，進行了 3 期課程後，將所有教案、範例重新整合，就成為您手上這本書了！

本書除了 PowerPoint 系統功能介紹外，筆者更強調**簡報內容的建構**，簡報文件是一個輔具，台上的講者是演員，真正的功力是文件製作前的【編劇】！

林文恭

於 知識分享數位資訊

GoGo123 教學網

2021/07

目錄

範例下載

本書範例程式請至碁峰網站 http://books.gotop.com.tw/download/AEI007200 下載，檔案為 ZIP 格式，讀者自行解壓縮即可運用。其內容僅供合法持有本書的讀者使用，未經授權不得抄襲、轉載或任意散佈。

全書教學影片

GOGO123 教學網站

https://gogo123.com.tw/?p=12156

chapter 1

系統主體功能介紹

「工欲善其事,必先利其器」,本書雖然以簡報【內容】為教學重點,但 PowerPoint 是落實內容呈現的絕佳工具,本單元就由 PowerPoint 操作介面與環境設定開始,一步步陪伴所有讀者進入簡報的世界!

1-1 視窗功能介紹

⊙ 範例檔案：空白文件

每一套視窗系統軟體都有自己獨特的作業視窗，以下就是 MS-Office 家族中負責簡報功能的 PowerPoint 的作業視窗：

A. 功能表區

固定功能表

■ 第 1 層：10 個固定項目

[檔案] [常用] [設計] [切換] [動畫] [投影片放映] [校閱] [檢視] [增益集]

■ 第 2 層：活動項目區

　　例如：下圖第 1 層選取【檢視】，第 2 層功能項目如下：

　　例如：下圖第 1 層選取【設計】，第 2 層功能項目如下：

智慧功能表

當選取特定物件時：

例如：右圖選取【圖片】

第 1 層功能表最右側產生：

圖片工具→格式

例如：選取【SmartArt】物件

第 1 層功能表最右側產生：SmartArt 工具→【設計】、【格式】2 個標籤

下圖是 SmartArt 工具→【設計】的智慧功能表：

B. 快捷功能表

在視窗左上角，系統預設 5 個最常使用的功能，如右下圖：

- 存檔
- 往前還原一個動作
- 往後還原一個動作
- 從首張播放投影片
- 滑鼠 / 觸控模式切換

快捷功能是一鍵完成，所以是最簡便的工具，使用者也可以利用最右側的下拉鈕，自行新增或刪除快捷功能。

- 右圖就是目前系統預設：

專題介紹：簡報文件製作流程

簡報製作至少分為 3 個階段，每一個階段工作性質不同，所需要的工具環境更不同，為提升簡報文件製作效率，PPT 提供了不同的作業模式。

第 1 階段建立章節架構

以本教材為例：
主題：簡報文件製作
在此主題之下筆者就自行擬定如右圖 4
個章節

  ▷ 1-系統主體功能介紹 (7)

  ▷ 2-系統自動化工具 (6)

  ▷ 3-多媒體物件 (5)

  ▷ 4-統計圖表 (6)

此階段不須理會主題順序，專注於標題內容即可，章節架構是經過反覆優化過程產生的。

第 2 階段新增標題投影片

針對每一章節，仔細規劃小主題，並以每一張投影片為一個獨立小主題。下圖便是本教材 4 個章節下方各自獨立主題的投影片：

1-系統主體功能介紹	2-系統自動化工具
簡單的報告	佈景主題
簡報的目的	佈景主題：色彩、字型、效果
媒體	移除背景工具
聽眾 vs. 觀眾 vs. 讀者	圖片：移除背景
PowerPoint	母片、版面配置
簡報應用	筆者自訂版面配置
3-多媒體物體	**4-統計圖表**
圖案	表格的精簡
圖片編輯	一張圖勝過千言萬語
圖片配置	2020 年營收季分析報表
文字藝術師	EXCEL 表格
SmartArt 動畫	動畫：統計圖
SmartArt 圖文結合	動畫：手繪統計圖

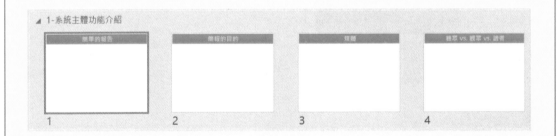

此階段將會大量使用 Google 搜尋，找尋相關專業主題、時事新聞、科技新知、…，每一張投影片只須建立投影片標題，確定探討的小主題項目。

第 3 階段編輯投影片內容

針對每一投影片標題，在投影片中加入內容，網路資源是取之不盡用之不竭的
寶藏。

■ 大量使用 Google 搜尋圖片：

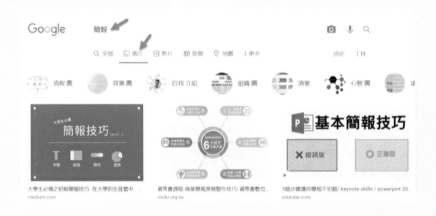

■ 大量使用 YouTube 搜尋影片：

■ 結果如下圖：

以下我們將以實際操作來介紹「簡報文件製作 3 個階段」，所使用的操作介面：

C. 投影片導覽區

範例檔案：**01- 章節架構 - 空白**

第 1 階段建立章節架構

1. 在視窗左邊導覽區投影片上方
按右鍵：新增章節

2. 在【未命名的章節】上
按右鍵：重新命名章節

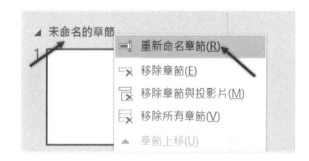

3. 輸入章節名稱如右圖：
點選：重新命名鈕

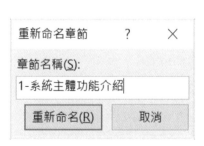

4. 重複步驟 1、2、3
完成章節架構如右圖

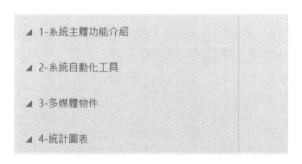

第 2 階段新增投影片

1. 在章節名稱下方按右鍵
   選取：新增投影片

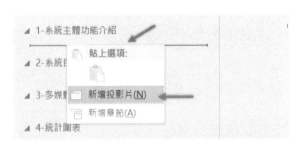

2. 在視窗右側投影片
   上方標題區輸入
   投影片標題文字
   【簡單的報告】

3. 重複在各章節中：
   插入投影片、輸入標題
   結果如右圖：
   章節 1：6 張投影片
   章節 2：6 張投影片

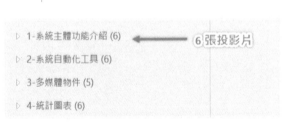

建立章節架構的好處

投影片要移動位置時，若有章節設定，就
可將整個章節作一次性移動。
範例：

將 4- 統計圖表 (6) 向上拖曳至
1- 系統主體功能介紹 (6) 下方
6 張投影片就一次性往上移動

◎ 練習題：章節架構

簡報主題：Covid-19

■ 在 Google 搜尋器上輸入：Covid-19
 點選：桃園市 COVID-19…（如下圖）

■ 網頁包括 4 大主題：

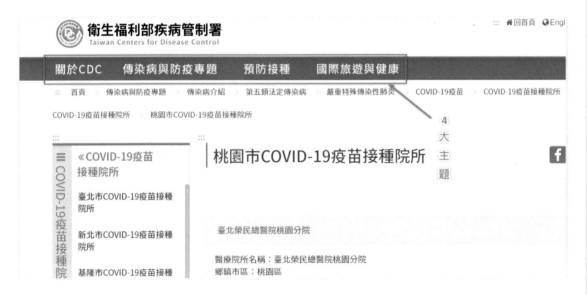

■ 【關於 CDC】主題包括 9 個項目：

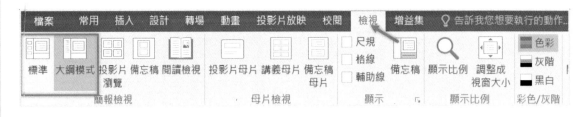

ⓒ 範例檔案：02- 章節架構 - 完整

第 3 階段編輯投影片內容

這個區域視窗有 2 個切換模式：

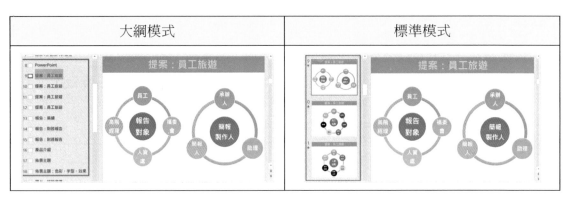

大綱模式：適合第 1、2 階段作業

1. 視窗左側：顯示投影片的標題內容

2. 用途：快速建立每一張投影片標題

3. 一次顯示較多的投影片標題，方便調整投影片順序

標準模式：適合第 3 階段作業

1. 視窗左側：顯示投影片的縮圖

2. 用途：上下張投影片位置調整、投影片編輯

■ 在標準模式下：
  點選：章節前方的三角形圖示
  展開／折疊章節內投影片
  若投影片數量龐大
  將會大幅提升工作效率

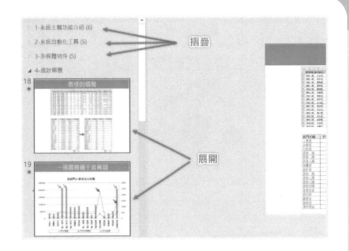

■ 調整導覽區寬度：
  拖曳 C、D 區的邊界線
  即可調整兩區的寬度
  寬度變大後縮圖也跟著變大
  右邊的投影片編輯區變小

D. 投影片編輯區

大多數的文件編輯時間都是在投影片模式下進行內容編輯，此區域必須搭配 F 區的【顯示比例】一起使用。

a. 投影片顯示比例
   手動放大或縮小投影片
b. 依目前視窗調整投影片比例
   系統自動調整最適比例
   最適比例 50％

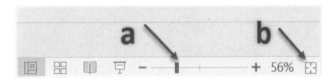

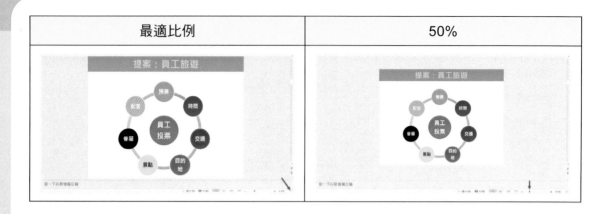

最適比例	50%

E. 備忘稿

投影片內容應遵守 2 個原則：圖形化、簡潔，因此講稿內容不應該放在投影片中，成功的簡報者會將所有的講稿記在腦袋中，但練習的過程中可利用此區域作為講稿提示。

2 個開啟 / 關閉的地方

功能表：檢視→備忘稿	視窗最下方：備忘稿

調整區域高度

- 拖曳此區的上邊界線
  即可調整區域高度

外接投影機

當簡報人電腦外接投影機或連結多個顯示器時,簡報主講人與簡報觀眾的顯示畫面就可做出區隔,**PPT** 系統會提供額外的簡報工具。

【簡報主講人檢視畫面】:

- A 區:目前投影片放映內容
- B 區:放映輔助功能(單元 7:投影片放映→簡報工具)
- C 區:下一張播放投影片提示
- D 區:目前播放投影片的備忘稿

簡報主講人可以一邊進行簡報一邊查看備忘稿,並預知下一張投影片內容,如下圖:

【簡報觀眾檢視畫面】:

觀眾只會看到投影機上單純的投影片,就是 A 區。

F. 檢視捷徑

右圖紅色框線內4個按鈕做為檢視模式快速切換區，由左至右分別介紹如下：

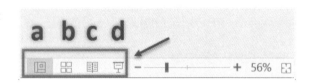

a. 標準模式：

使用時機：

- 編輯投影片內容

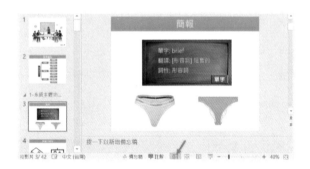

b. 瀏覽模式：

使用時機：

- 調整：投影片播放順序
- 設定：投影片播放效果

■ 若投影片有章節架構設定，每一章節的投影片自成一區，對於投影片內容瀏覽效率會大幅提升，對於投影片順序的調整也大有幫助，請參考下圖：

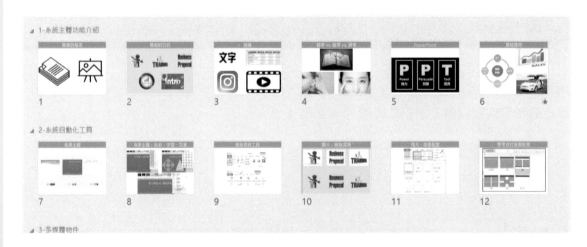

c. 閱讀模式：

使用時機：

在【非全螢幕】狀態下
單一視窗內播放投影片

d. 投影片放映模式

使用時機：

- 全螢幕播放投影片

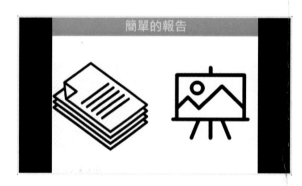

1-2 版面設定

由於電腦相關硬體進步太快,顯示器、投影幕的規格也不斷推陳出新,簡報軟體也提供相對應的版面設定功能。

系統設定

功能表:設計→投影片大小

電腦顯示器寬度

筆者使用的是新式的寬螢幕筆記型電腦,以下是兩種不同規格投影片設定下,播放簡報的效果:

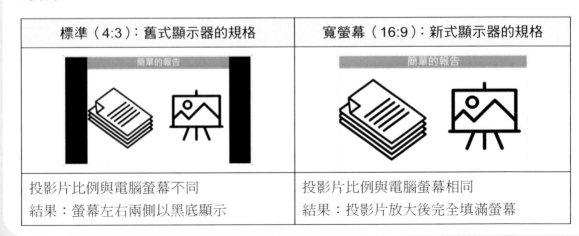

標準(4:3):舊式顯示器的規格	寬螢幕(16:9):新式顯示器的規格
投影片比例與電腦螢幕不同 結果:螢幕左右兩側以黑底顯示	投影片比例與電腦螢幕相同 結果:投影片放大後完全填滿螢幕

投影片寬度

寬螢幕顯示器配合寬螢幕投影片的效果當然比較好,筆者實際製作投影片內容時發現,寬螢幕投影片若遇到上、下、左、右共有 4 個圖的版型,圖片長寬比例不嚴重失真的情況下,版面會顯得太空曠,請參考下圖比較:

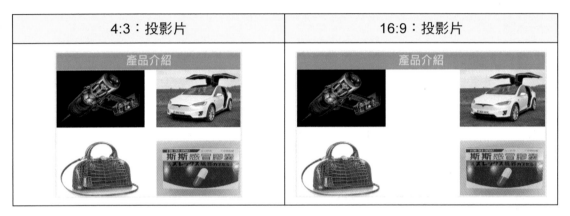

4:3:投影片	16:9:投影片

- 系統範例 1:

  整體投影片長寬比例:**16:9**

  但投影片兩側為版面美化區

  右圖紅色框區域為實際內容區

  內容部分長寬比例仍為 **4:3**。

- 系統範例 2:

  整體投影片長寬比例:**16:9**

  扣除上方標題高度後,內容區呈現狹長區域

  考量圖片長寬比例,整體內容配置上大多採取以下 **2** 種方式:

2 欄式內容配置	1 欄式內容配置

筆者的建議

基本上寬螢幕顯示器已是潮流所趨，但投影片寬度的選擇，決定於個人版型製作習慣，筆者製作投影片偏好：標題 + 4 方格，因此便會選擇 4:3 規格，為了投影片內容的表現而犧牲投影片播放的視覺效果，投影片大小設定是一件很重要的決定，關係到投影片內容的布置。

- 當你調整投影片大小：
  - 由窄變寬（4:3 → 16:9）：系統直接將投影片變寬，投影片內容不變。
  - 由寬變窄（16:9 → 4:3）：出現對話方塊，詢問投影片內容相對應調整方式，如下圖：

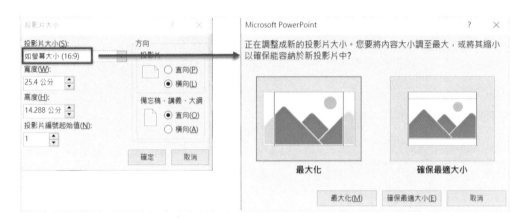

- 系統雖然提供轉換功能，但實際上投影片中素材的大小、位置還是需要一張一張手動調整，請參考下圖比較：

4:3：投影片	16:9：確保最適大小	16:9：最大化

原投影片	圖片大小不變 投影片內空白空間變大	圖片被放大 投影片大小、位置 都必須重新調整

■ 投影片寬度、高度，建議保留系統預設值

　　備忘稿、講義大小方向的設定倒是無關緊要

螢幕顯示比例

■ 在桌面上按右鍵

　　選取：顯示設定

■ 筆者的筆電顯示器解析度：

　　1920（寬）x 1080（高）

　　比例 = 1920 : 1080 = 16 : 9

> **說明** 舊式筆電或顯示器，形狀偏向正方形的，解析度為 1024 x 768 的就是 4:3。

1-3 版面配置 vs. 圖片比例

筆者對於投影片內容的主張：【圖片化】，除了投影片標題外，將文字轉化為：圖形、圖片、SmartArt、影片，簡報人以生動的口語加上肢體動作來完成整個簡報活動。

由於是圖片化的投影片，因此圖片成了主角，圖片的長寬比例變化影響到圖片的整體美感，例如：150 公分高的金城武怎樣也帥不起來了！

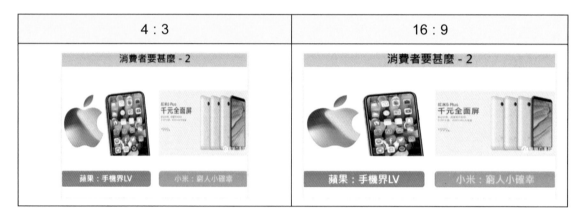

由上圖可以清楚看出，原始投影片的長寬比例是 4:3，轉換為 16:9 後，圖片都變寬了，而且是大幅度變寬。

接著請看下圖比較，若原始投影片的長寬比為 16:9，而我們的版型為 2 欄式左右對稱，所找的圖片規格就會是大約 4:3 的比例，如此整個畫面才會協調。

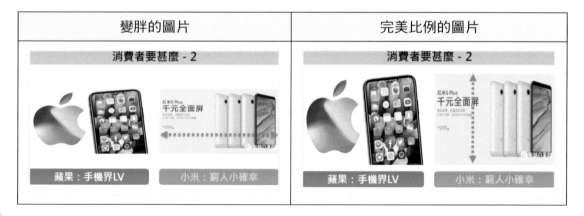

我們在網路搜尋圖片時，請注意到圖片的原始寬高比例，請參考右下圖：

- A 圖：約 16:9
- B 圖：約 16:9
- C 圖：約 4:3
- D 圖：約 2:1

圖片放入投影片中盡可能保持原比例，以免破壞圖片的美觀。

1·4 列印功能

■ 檔案→列印

PowerPoint 的列印設定

請參考右圖 5 種選項：

a. 設定列印範圍，選項如右圖：

1. 列印所有投影片

2. 列印選取範圍：
   列印前先選取投影片

3. 列印目前投影片

4. 自訂範圍：
   點選列印：例如 1，3，5
   範圍列印：例如 3-6

> **說明** 第 4 點功能與上圖 b 選項是相同的。
> 不連續的投影片列印，頁碼間以【,】間隔，1，3，5 → 列印第 1、3、5 張投影片。
> 連續的投影片列印，頁碼間以【-】間隔，3-6→列印第 3、4、5、6 張投影片。

b. 與上面 a-4 項功能相同

c. 文件種類：

A. 全頁投影片

B. 備忘稿

C. 大綱

D. 講義：

講義又分為如右圖 9 種格式

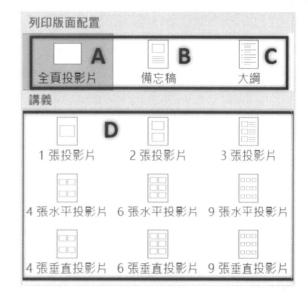

> 說明 講義是讓聽眾帶回家的文件，有人在簡報前發，有人在簡報完成後發，我再次強調，簡報就是意念的傳達，強調主題的交流，演講者與聽眾的溝通互動，因此筆者建議講義應該是會後再發，讓聽眾將焦點集中在簡報者身上，而不是低頭翻閱文件。

d. 列印順序：

當列印張數、份數很多時，自動分頁功能就是一個非常有效率的選項，但請注意，多數情況下還有【雙面列印】的問題，目前辦公室的解決方案：

A. 先以印表機印出一份

B. 再以多功能事務影印機做多份數的列印

> 說明 以影印機做大量列印的優點：功能較為多元、速度快、便宜。

e. 列印色彩：

PowerPoint 提供 3 種選項：

A. 彩色

B. 灰階

C. 純粹黑白

列印範例：(列印方向：橫向)

系統自動化工具

使用 **MS-Office** 進行文件編輯,首要目的當然就是提升工作效率,**PowerPoint** 當然也提供一些自動化的功能協助各種不同專業程度、知識背景的使用者,善用這些工具可以達到以下兩個功能:

- 提升效率
- 美化文件

2-1 範本

用來快速建立簡報文件，但對於不同程度使用者有不同的應用方式，介紹如下：

- 初學者：對於簡報內容、版面、色彩、字型設定完全不熟悉，只要根據範本文件中的提示文字，直接填入文字、插入圖片，即可完成簡報文件。

- 進階者：利用範本文件快速建立簡報基本架構後，再進一步進行編輯、設定，大幅縮短文件從零開始的時間耗費。

系統提供的範本檔案

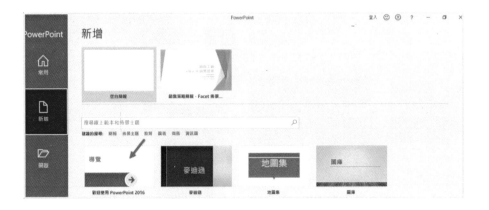

- 【導覽】範本檔案的內容：

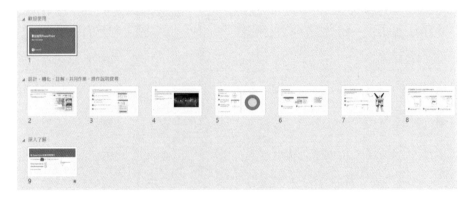

■ 範本使用方式：

A. 將投影片中預設文字內容修改為自己需要的內容

B. 將投影片中預設圖片置換為自己需要的圖片

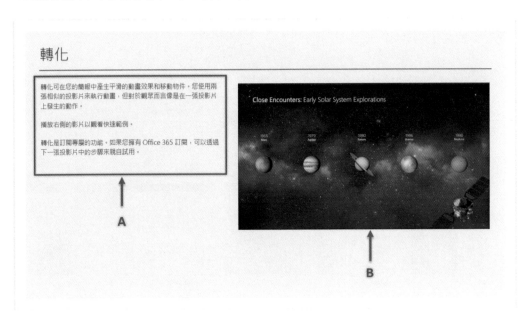

第三方提供簡報範本

網站上非常多號稱【免費】的簡報範本，各位讀者可上網搜尋，關鍵字：【簡報範本】，
下圖就是一個提供免費簡報範本的網站：

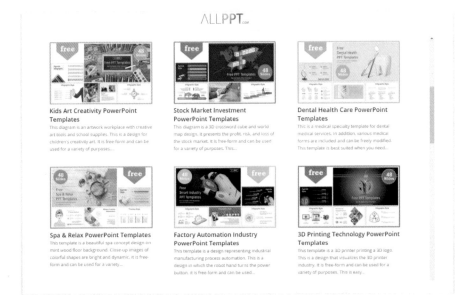

搜尋範本

1. 檔案→新增
2. 輸入：銷售策略簡報
3. 選取：銷售策略簡報

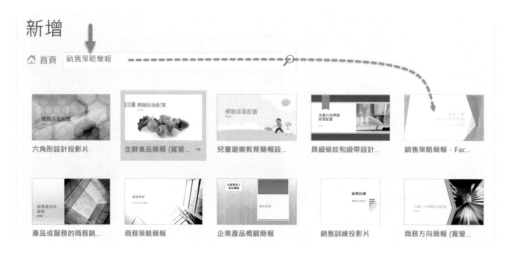

4. 點選：建立鈕

■ 產生簡報文件，如下圖：

■ 切換到瀏覽模式，如下圖：

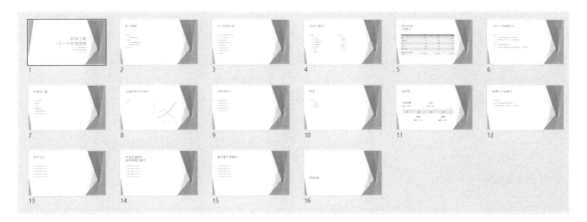

■ 切換到大綱模式

　重要功能如下：

　● 展開 / 摺疊

　● 升階 / 降階

　● 上移 / 下移

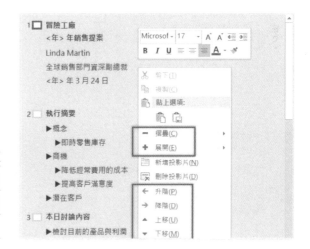

　　說明 上面的功能都是針對【文字】內容，本書強調投影片內容圖形化，因此不會對這些功能做詳細介紹。

投影片內容種類

投影片中包含各式各樣的資料，以下是【範本】所提供，最常用的 4 種資料：

文字內容

■ 資深長者習慣：文字表達

■ 新新人類習慣：圖片、影音

　　說明 預先設定【字型】，事後的格式設定將會效率倍增。請看後續章節介紹…

表格內容

商業簡報大多涉及統計資料
表格是不可或缺的角色

說明 簡報的要點在於一個【簡】，表格應呈現的是精簡數字。

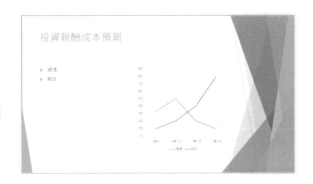

統計圖內容

一目瞭然
1 張圖勝過 10 張表

說明 若非涉及精確數字探討，建議以統計圖代替統計表。

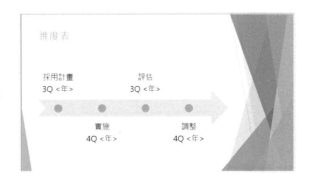

多媒體內容

生動、活潑→吸引目光

說明 種類包括：圖片、圖形、文字藝術師、SmartArt、影片、動畫效果。

佈景主題

筆者強烈建議：「未完成投影片內容前，不要考慮投影片的外觀！」
但多數人是外貌協會…
我另一個理解：「短期的成就感，有助於長期奮戰的堅持，先自嗨一下吧！」

- 項目功能：一次性、快速美化投影片
- 使用時機：隨時
- 功能位置：如下圖

實作範例

1. 檔案→新增

   範本：銷售策略簡報

   第 1 張投影片如右圖：

2. 設計→佈景主題：回顧

   第 1 張投影片變更如右圖：

   - 背景圖、標題文字、字型、對齊、格式、…全部變了！

- 整個檔案 16 張投影片一次性改變，如下圖：

套用不同主題

系統所提供功的範本都包含多種佈景主題：

■ 請點選佈景主題右側下拉鈕，顯示所有主題樣式，如下圖：

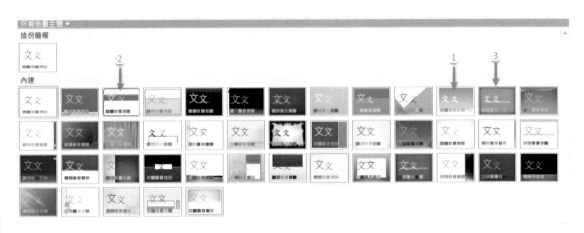

■ 分別套用 3 種不同佈景主題的範例，效果如下圖：

> **說明** 請仔細觀察！不是只有背景圖案不同，標題文字的：大小、字體、對齊方式、顏色都不一樣。

變化

一個佈景主題是一個系列風格設計，投影片格局、架構不變情況下，套用不同的：顏色、字型、效果、背景樣式，可以產生多樣性的【變化】。

■ 一個佈景主題可以擁有多個【變化】，請參考下圖：

　　說明 同一佈景主題還提供多種不同的色系變化。

■ 【變化】所提供的設定介面
  - 上方：快捷設定
  - 下方：單項設定

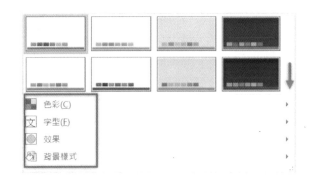

變化的 4 個單項設定功能介紹如下：

色彩

■ 點選：【變化】右側下拉鈕
　　選取：色彩→暖調藍色

　　結果如下圖：

字型

- ■ 選取：字型
  - ● 英文：Office
  - ● 標題中文：新細明體 (大字)
  - ● 內文中文：新細明體 (小字)

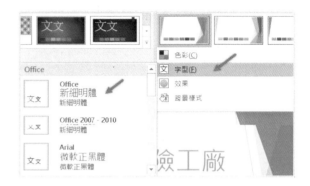

設定前	設定後
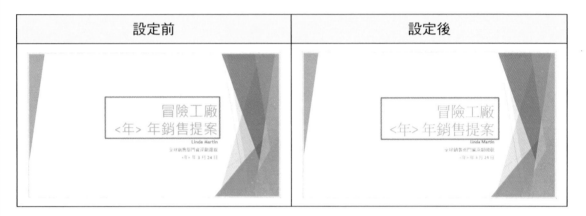	

效果

針對：圖形、圖片、文字藝術師、
SmartArt 等物件提供變化效果，
例如：外框線、陰影、色彩填滿、…

設定前	設定：光面
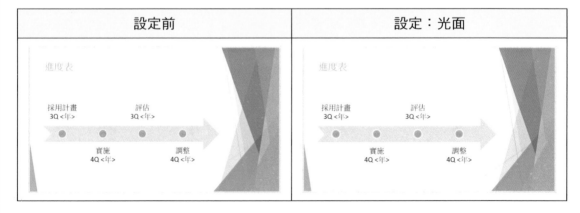	

說明 說明 筆者對於顏色、效果的敏感度不佳，經過實測，發覺只對線條產生粗細及陰影效果，其他效果則不明顯。

背景樣式

改變投影片的背景色彩或背景圖片。

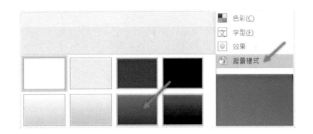

說明 請特別注意！由於設定背景顏色為深色系列，因此系統很貼心地將字體顏色由黑色更改為白色。

自訂樣式

以上 4 個項目除了【效果】之外，其他 3 個項目的表列最下方還提供【自訂樣式】功能，可以進行更細緻的設定，如下：

【色彩】項目對話方塊如右：

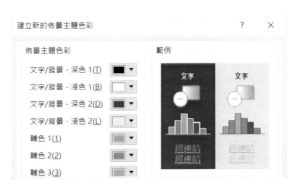

【字型】項目對話方塊如右：

- 只能設定：字體樣式

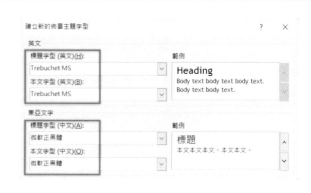

【背景樣式】項目對話方塊如右：

樣式命名

上方的【色彩】、【字型】項目還可將設定存檔命名，以後進行新檔案設定時，可以選取自訂的設定樣式，以【字型】項目為例，如右圖：

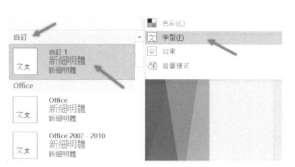

2-2 資料匯入 & 匯出

PPT 系統提供與 Word 文件的相互轉檔功能。

Word 文件轉換為 PPT 文件

1. 啟動 PowerPoint

   開啟→瀏覽

2. 檔案類型：所有大綱

   選取檔案：03- 大綱文字檔

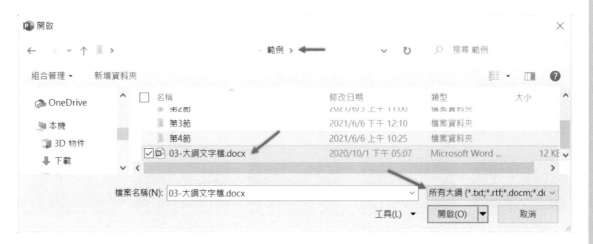

■ 一篇 Word 文件中 13 個段落
被轉換為 13 張投影片
Word 段落內容→ PPT 標題文字
結果如右圖：

3. 功能表：檢視→大綱模式
視窗左側：條列標題文字
如下圖：

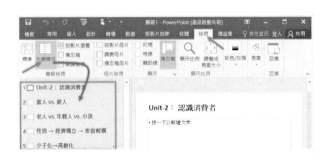

4. 檢視→投影片瀏覽
功能表下方只剩下一個大視窗
所有投影片被縮小橫向排列
如右圖：

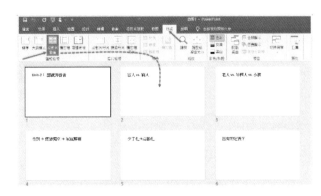

5. 設計→佈景主題（Damask），切換到瀏覽模式，結果如下圖：

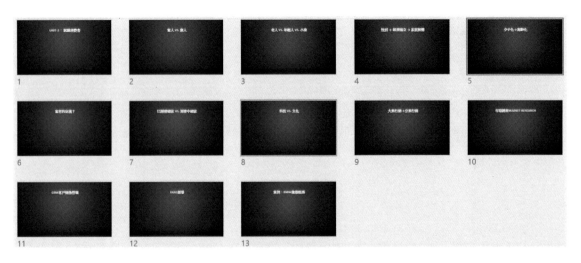

6. 切換回到標準模式

設計→變化→文字

選取：標題→微軟正黑體、內文→微軟正黑體，結果如下圖：

案例：BMW維修服務

• 按一下以新增文字

說明 請特別注意！標題內容是由 Word 檔案匯入的，已有自行設定的格式，因此本設定步驟無法對它產生效果。

標題下方的內文部分已正確更改為：微軟正黑體。

■ 解決方案：

將插入點置於大綱窗格內

按 Ctrl + A：全選

設定字體：微軟正黑體

1 □ Unit-2：認識消費者

2 □ 富人 vs. 窮人

3 □ 老人 vs. 年輕人 vs. 小孩

4 □ 性別 → 經濟獨立 → 家庭解構

5 □ 少子化 → 高齡化

案

所有投影片標題字體更正如右圖：

案例：BMW維修服務

說明 不要對簡報中內容進行手工設定，完全使用佈景主題 (套用或設定)，當你套用任一佈景主題時，簡報中所有內容將會 100% 自動更新。

PPT 檔案匯出大綱資料

投影片內容完成後，若需要製作詳細文稿資料，可以直接將簡報內的文字資料（不包含圖片物件內文字）匯出成為文件檔，方法有 2：

方法一

PPT：在大綱模式下 將插入點置於大綱窗格中 按 Ctrl + A（全選）→ Ctrl + C（複製）	Word：開啟一新文件 按 Ctrl + V（貼上）
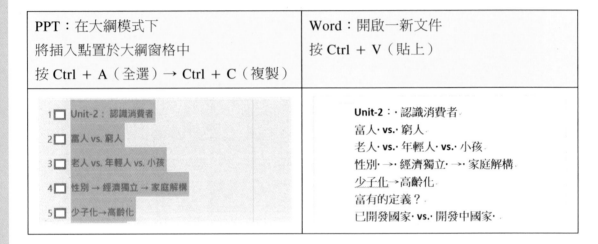	

方法二

1. 檔案→新增 1 範本：銷售策略簡報
2. 檔案→另存新檔，檔案類型：大綱 /RTF 檔

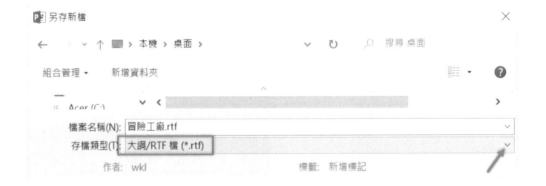

3. 完成的 Word 大綱檔內容，結果如下圖所示：

> 說明　投影片中所有【純文字】內容都被匯入 Word 文件中，圖片、表格、統計圖…非純文字的內容均無法被匯入。

2-3 母片

學校經常舉辦各種比賽活動，成績優良者就會發給獎狀，為了效率、成本考量，獎狀都會預先設計獎狀樣式，然後交由印刷廠大批印製，頒獎前只需要在獎狀上印上：受獎人姓名、日期即可，PPT 也提供這樣的功能，就是【版面配置】。

同一個學校多種獎狀，每一種獎狀都採取用同樣的：校徽圖案、底圖設計樣式、字體、…，這樣才能顯示出一系列專業設計感，PPT 允許設計者建立多個【版面配置】，並提供【母片】來統籌多個【版面配置】，將一系列版面配置的共同：內容、格式，建置於母片上，母片下的所有版面配置就會繼承母片設定值。

- 版面配置：就是投影片的公用模板，最主要作用是：快速編輯，設計完成的版面配置可以快速套用在任一投影片上。
- 母片：一張母片下可以建立多張版面配置，所有【版面配置】共同的格式只要在【母片】上作設定即可。

有了母片、版面配置，簡報文件就會有產生整體一致的風格，常用投影片版型如下：

- 簡報首頁
- 文字型投影片：中式、西式
- 圖片型投影片：圖片、圖形、影片
- 資料型投影片：統計圖、統計表
- 自由型投影片：創意組合

版面配置主要功能

A. 版面的規劃：

將投影片規劃為數個不同的區域，每一個區域有其特殊作用。

例如：

- 上方：標題區
- 下方：兩欄式對稱區塊

B. 每一個區域可以獨立設定不同的屬性。

例如：標題區

- 藍底、黃色字
- 標楷體、44pt
- 貼齊邊界線

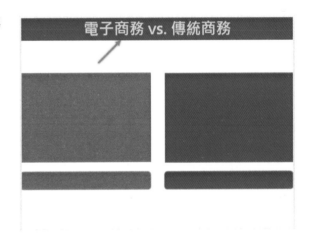

C. 【母片】的設定可以套用在所有的【版面配置】上，【版面配置】又可重複套用在投影片上，因此當我們：

a. 修改【母片】時，所有【版面配置】都會自動更新

b. 修改【版面配置】時，所有套用此【版面配置】的投影片都會自動更新

■ 檢視→母片檢視

母片的種類

A. 投影片母片：

後續所有母片介紹都是針對【投影片母片】，這也是簡報製作的重點，後續會有詳細介紹。

B. 講義母片：

要將投影片列印成講義發給聽眾，系統提供的版面美化功能。

C. 備忘稿母片：

不熟練的簡報演講者常會有忘詞的問題，因此系統提供備忘稿功能，在投影片下方提供備忘稿編輯區，用以儲存投影片重點或口語內容，有助於提高簡報練習效率，同樣的，備忘稿母片就是提供備忘稿列印的美化功能。

■ PowerPoint 2019 版針對投影片母片，提供如下圖 11 種基本版面配置：

筆者使用 PPT 版面配置的歷程

■ 初期：全部採用系統預設版面，因為效率高，不必費腦傷神。

■ 中期：逐漸修改系統預設版型，因為逐漸意識到以圖片為主體的內容呈現。

■ 晚期：為了配合自己的獨特的簡報模式，因此完全自訂版面配置。

筆者對於簡報製作的想法

A. 簡報內容：95% 以圖片、圖形、影片來呈現，僅保留標題文字。

B. 簡報的主角是【簡報人】，投影片作用為重點提示，應力求精簡，不可喧賓奪主，切忌濫用動畫效果。

C. 簡報人必須對簡報內容有 100％ 的掌握度，才能在講台上盡情發揮，而不是淪為讀稿機的角色，因此投影片上應盡可能去除文字，簡報人更不可攜帶備忘稿，頻頻低頭看稿是絕對不及格的。

筆者近年來開發管理類教材投影片所採用的版面配置

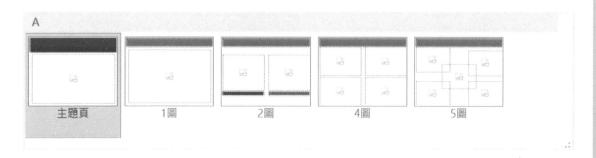

母片設計

Ⓒ 範例檔案：空白簡報

設定投影片大小

PowerPoint 預設投影片大小：寬螢幕 (16:9)，就如同 Word 文件預設紙張大小 A4 是一樣的，投影片大小是可以變更的，但一個簡報檔案中只能有一個投影片尺寸，一旦設定投影片大小，所有母片、版面配置的大小都會同步更新。

1. 建立一個新檔案
2. 設計→投影片大小
   選取：標準 (4:3)

正在調整成新的投影片大小。您要將內容大小調至最大，或將其縮小以確保能容納於新投影片中？

最大化　　　　　確保最適大小

刪除預設版面配置

這一節我們要自行建立所有的版面配置。

1. 檢視→投影片母片

2. 投影片母片模式：

   A. 母片：視窗左側最上方
   B. 第 1 張版面配置
   C. 系統提供的 11 種標準版面配置

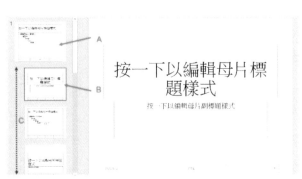

3. 在第 2 張版面配置上按右鍵
   刪除版面配置

說明 本文件是新檔案只有 1 張投影片，此投影片套用第 1 種版面配置，因此第 1 張版面配置無法被刪除。

4. 持續往下刪除版面配置

只剩下：母片、第 1 張版面配置

如右圖：

編輯母片

後續所有版面配置共同的：內容、格式設定，可集中於母片上，以維持整套投影片格式的一致性。

1. 在母片上按右鍵

重新命名母片

輸入：A

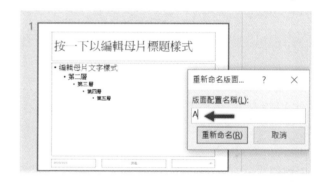

2. 拖曳選取標題以下所有物件

按 Delete 鍵

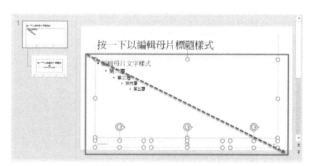

> **說明** A. 由於筆者是採取【內容圖像化】，因此不需要使用母片【文字樣式】。
>
> B. 筆者認為【頁尾】資料：日期、頁碼，也是沒有必要的。

3. 設定標題：

位置：靠上對齊

寬度：與投影片同寬

高度：2.5cm

背景：深綠色

字體：白色、粗體、微軟正黑體

字體大小：44pt

設定：置中對齊

> **說明** 母面下方的版面配置繼承了母片的標題樣式、字型。

建立自訂版面配置

1. 在母片與版面配置之間
按右鍵→插入版面配置

2. 投影片母片
→插入版面配置區：圖片

3. 在母片中拖曳矩形範圍
設定圖片配置：
寬：24cm、高：15cm
調整矩形位置：置中
如右圖：

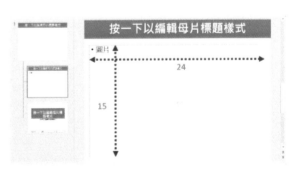

3. 在新建版面配置上按右鍵
更改版面配置名稱：1 圖

4. 在【1 圖】版面配置上按右鍵
複製版面配置
更改版面配置名稱：2 圖
設定圖片版面配置大小
寬：10cm、高：12cm
複製圖片版面配置：2 個

5. 建立文字配置：
寬：12cm、高：1.2cm
設定：填滿藍色
設定字體：標楷體、粗體、24pt
複製文字配置
設定：填滿紅色
調整位置：如右圖

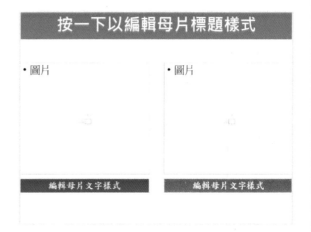

6. 在【2 圖】版面配置上按右鍵
複製版面配置
更改版面配置名稱：4 圖
刪除：文字配置
複製圖片配置：4 個
設定圖片版面配置大小
寬：8cm、高：12cm
調整圖片配置位置：如右圖

7. 在【4圖】版面配置上按右鍵
   複製版面配置
   更改版面配置名稱：5圖
   設定圖片版面配置大小
   寬：7cm、高：10cm
   複製／貼上第 5 個圖片配置
   調整圖片位置
   如右圖：

8. 在【5圖】版面配置上按右鍵
   複製版面配置
   更改版面配置名稱：自由式
   刪除：所有圖片配置

9. 在【1圖】版面配置上按右鍵
   複製版面配置
   更改版面配置名稱：主題頁
   設定標題：藍色、高度：4cm
   設定圖片配置大小：
   高：14cm、寬：24cm

10. 將【主題頁】拖曳至母片下方

11. 檢視→標準

    刪除唯一的投影片

12. 檢視→投影片母片

    刪除最後一張版面配置

    (系統預設)

13. 常用→新增投影片

    由版面配置下拉方塊中→看到 A 母片下→ 5 張版面配置，如下圖：

套用版型

1. 新增 12 張投影片→共 13 張，切換到投影片瀏覽模式：

2. 按住 Ctrl 鍵不放，點選：3、5、7 投影片，設定版面配置：2 圖

3. 按住 Ctrl 鍵不放，點選：9、11、13 投影片，設定版面配置：4 圖

4. 按住 Ctrl 鍵不放，點選：10、12 投影片，設定版面配置：自由式

   點選：8 投影片，設定版面配置：5 圖

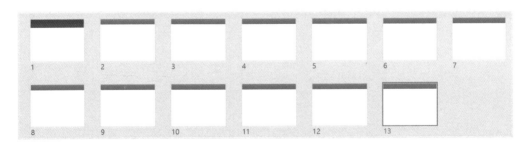

頁首及頁尾

投影片上共同的資訊，例如：頁碼、日期、企業的 LOGO，都應該放置在母片當中，一次性設定即可，在 PPT 我們稱它為【頁首 / 頁尾】功能，投影片最上方一般慣例是投影片標題，因此投影片是沒有頁首的，頁首大多應用於備忘稿、講義。

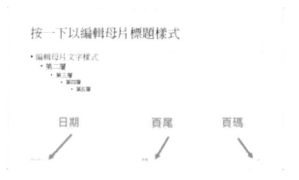

右上圖就是系統在母片、版面配置上所提供的頁尾 3 個項目設定，但筆者建議，簡報應力求精簡，因此除了投影片右下角的【頁碼】，用以提醒簡報人目前簡報進度外，其餘 2 個項目都是多餘的。

但是切換到投影片編輯模式時這 3 個部分卻無法顯示，投影片放映時當然也看不見，如右圖：

1. 我們在母片左下角的【日期】作一下格式設定：
   字體大小：32pt
   粗體、紅色
   如右圖：

■ 母片上【日期】的格式設定
　套用在所有【版面配置】上
　如右圖：

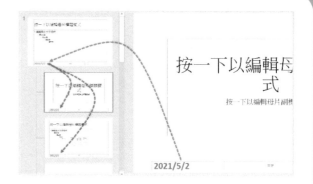

2. 關閉：母片模式
　投影片上看不到【日期】
　如右圖：

> 說明 母片上有頁尾設定，投影片上卻無法顯示，這是因為系統預設為：關閉顯示。

3. 開啟頁尾內容顯示：
　插入→頁首及頁尾（或：日期及時間、或：投影片編號）

4. 點選：右圖紅色箭號標示處
　A. 日期及時間
　B. 投影片編號
　C. 頁尾

■ 在投影片模式下：

頁尾的 3 個資料顯示如下

> **說明** 日期設定可以採取 2 種方式：固定日期、系統日期（自動更新）。

將母片設定儲存為範本

當我們完成母片設定（版面配置）後，可以將檔案儲存為範本檔，下一次開啟新檔案時選用自設的範本檔案即可免除重複的母片設定。

實作範例

1. 刪除上一節範例所有投影片
2. 檔案→另存新檔
   存檔類型：PowerPoint 範本
   輸入檔案名稱：母片設定

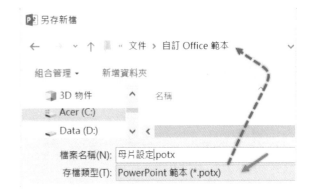

> **說明** 請特別注意！對話方塊上方的資料夾自動切換至：【文件 > 自訂 Office 範本】。

3. 關閉 PPT，重新啟動 PPT，點選：新增→個人
   就可以看到剛剛儲存的【母片設定】範本檔，如下圖：

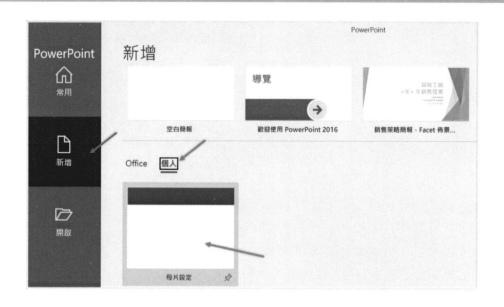

說明 若上面步驟 2 強行將資料夾改為【桌面】，則範本檔被儲存於桌面，就無法於上個畫面中的【個人】中取得【母片設定】範本檔。

範例檔案：04- 母片設定

利用版面配置快速調整圖片

1. 新增一張投影片
   版面配置：2 圖

2. 由 Google 搜尋並複製圖片
3. 回到在投影片上
   選取左側圖片配置，按 Ctrl ＋ V

4. 在圖片上按右鍵→裁切

說明 由上一個步驟可清楚看出：圖片被裁切了！

我們所設計的圖片配置大小不可能跟每一張圖片的比例都一致，因此系統會自動執行裁切的動作，上面範例就是圖片太寬、配置的寬度太窄，因此圖片的兩側被裁切，如果圖片是較高的，就會被上下裁切。

自動裁切的好處是不會影響圖片的長寬比例，如果認為自動裁切不影響圖片的內容表達，就不需要做任何處理。

若圖片上的內容不想被裁切，就必須執行下一個步驟：手動縮放圖片，好處是圖片內容不打折，但長寬比例會失真。

5. 拖曳圖片 2 側中間控點
置圖片配置內
結果如右圖：

多媒體物件

簡報要吸引聽眾有 2 種武器：

- 簡報人口若懸河
- 投影片生動活潑

但千萬記得！過分使用多媒體聲光效果，投影片將會產生喧賓奪主的效果，簡報人的角色就消失了。

簡報上可以使用的多媒體大約分為以下幾個項目：圖案、圖片、文字藝術師、SmartArt、影片，其中 SmartArt 是十分討好的商業簡報工具，將在第 4 單元獨立介紹，其餘介紹如下。

3-1 圖案

建立圖案

系統提供的圖案包羅萬象，都是一些基本的幾何圖形，如下圖：

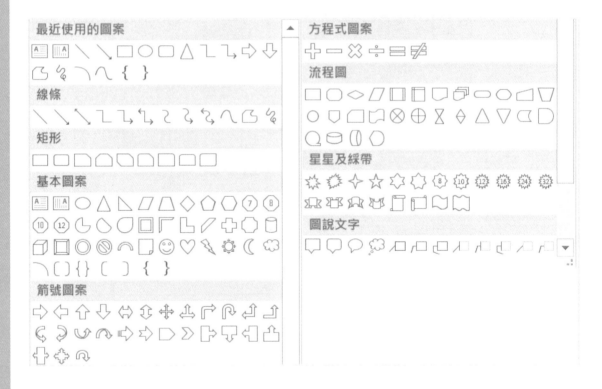

- 插入→圖案

- 在圖案內插入文字

  拖曳建立一圓角四方形

  在圖案上按右鍵→編輯文字

  輸入：圖案

圖案設定效果

圖案樣式

A. 圖案：插入文字

B. 圖案：套用樣式 (平面)

C. 圖案：特殊效果 (圖案立體)

D. 圖案：文字藝術師 (文字立體)

直線樣式

主要設定項目：

- 顏色
- 粗細
- 虛線
- 箭號

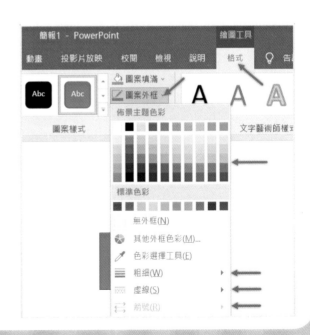

範例

A. 預設直線

B. 設定：寬度、顏色

C. 設定：線條樣式、箭號方向

預設樣式

圖案樣式設定完成後，可以將此設定指定為【預設樣式】，後續再建立圖案時，系統便會自動套上此設定，不需重複設定。

右圖矩形已完成設定：

A. 外框線

B. 填滿顏色

C. 文字：字形、大小、顏色

■ 在圖案上按右鍵
選取：設定為預設圖案

當我們再次建立多邊形圖案時，上面所有設定都會被直接套用，你只要調整圖案大小、位置、輸入文字即可！

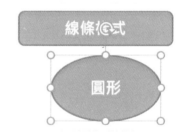

圖案的【旋轉】

■ 繪圖工具→格式→旋轉
選項如右圖

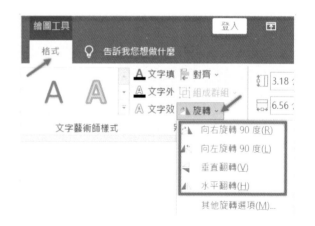

圖案的任意角度旋轉

■ 拖曳圖案黃色端點上方的
  旋轉控制點，就可作任意角度的旋轉

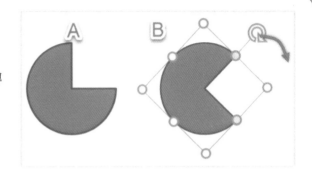

圖案的【端點】

■ 拖曳圖案的端點即可改變圖案的形
  狀
  右圖：改變圓形開口大小

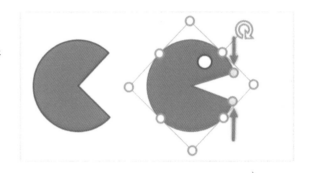

線條與多邊形的連結

若要在既有的多邊形上拉出一條連結線：

1. 插入→圖案→直線
2. 當滑鼠指標靠近既有的多邊形時，多
   邊形會產生 4 個連接點，如右圖

3. 以任一個連接點為起始點，拖曳建立
   線條，此線條與多邊形便會產生連
   結，如右圖

4. 當我們移動多邊形位置時，線條會跟
   著移動，不需要重新調整相對位置

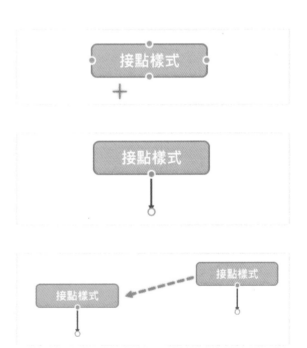

直線變更為折線

- 以右圖藍色線條為例
  採用直線的視覺效果不佳！

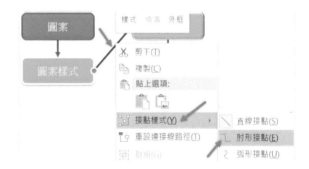

在藍色線條上按右鍵
選取：【接點】樣式→肘形接點

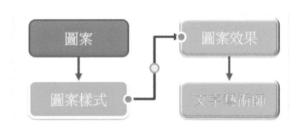

結果如右圖：

右圖依序為：
直線接點、弧形接點、肘形接點

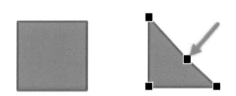

改變多邊形形狀

- 在圖形上按右鍵→編輯【端點】
  將右上角的端點朝左下方拖曳

- 在圖形上按右鍵→編輯【端點】
  在上邊線中央點一下
  （產生一新端點）
  向下拖曳新的端點
  調整左右兩側白色控點位置
  結果如右圖：

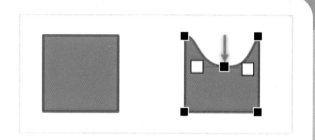

填滿色彩 1：色彩選取工具

我們由網路上找到行銷 4P 的圖案（如右圖中央部分），我們希望在 4 個角落以矩形方塊作中文說明，方塊內填滿顏色必須配合原圖。

1. 建立如右上圖角落 4 個矩形方塊
2. 選取：右上角的功能訴求方塊
3. 繪圖工具→格式→填滿色彩
   選取：色彩選擇工具
   點選：Product 周圍的綠色
   - 在左上角【功能訴求】方塊內填入【Product】周圍的【綠色】

實作範例

■ 請以圖案完成如下圖之設計：

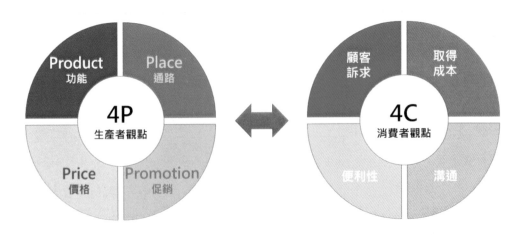

重點提示：

1. 建立局部圓圖案
2. 將 3/4 圓調整為 1/4 圓

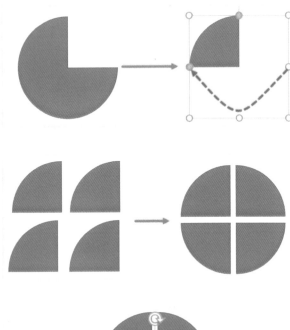

3. 複製產生 4 個 1/4 圓
   水平、垂直旋轉 1/4 圓

4. 建立一個整圓
   置於 4 個 1/4 圓中央

5. 建立 5 個文字方塊
   內容如右圖

6. 1/4 圓填入不同顏色

7. 文字方塊填入不同顏色

8. 儲存檔案：
   05- 圖案練習

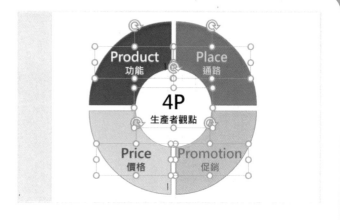

填滿色彩 2：漸層填滿

所謂【漸層】就是多個顏色的逐漸轉變，舉例如下：

藍色接著紅色	藍色逐漸以水平方向轉變為紅色

- 格式→圖案填滿→漸層
  系統提供的簡易漸層填滿
  如右圖：

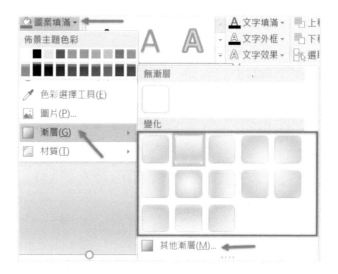

- 點選：其他漸層

  設定：起始顏色→紅色，結束顏色→藍色，方向：0度

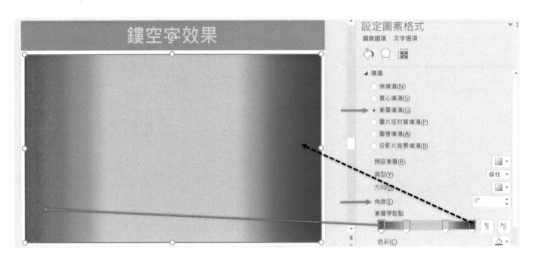

> **說明** 系統預設4個設定點，上圖範例我們只設定了左（紅）右（綠）端點的顏色。

- 新增／刪除：漸層停駐點

  A. 新增停駐點

  B. 刪除停駐點

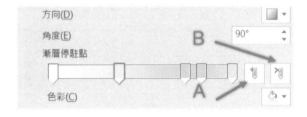

材質填滿

- 系統提供材質圖片作為圖案背景圖，如下：

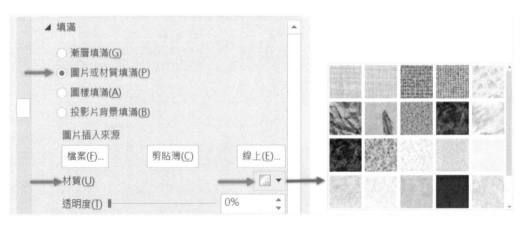

圖片填滿

指定現有圖片檔案作為背景圖

■ 指定檔案：素材 \tesla

合併圖案

系統提供基本圖案，但透過【合併圖案】整合可以創造出更多圖案，以下我們就以 2 個基本圖案做練習。

1. 建立 2 個正圓
2. 調整位置如右圖
3. 拖曳選取 2 個圖案

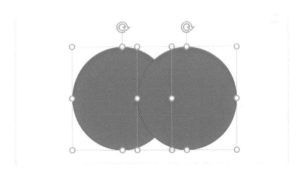

■ 合併圖案有 5 種不同的設定方式：
　效果如右圖：

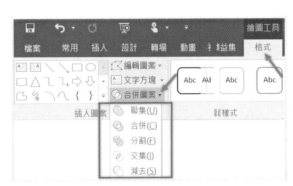

- 5 種設定結果如下圖：

| 聯集 | 合併 | 分割 | 交集 | 減去 |

- 圖形合併後，只有【分割】會產生多個獨立的圖案，每一個圖案都可以再進一步設定。

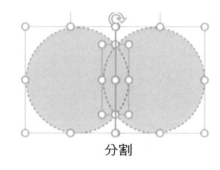

分割

練習 1

請以：2 個圓形 + 1 個圓角矩形
合併出右圖之圖案

> **說明** 合併圖案之前，建議先取消圖案的外框線。

練習 2

© 範例檔案：06- 風格照片

- 請以圖案合併功能
  完成如右圖之設計

重點提示：

1. 將範例圖片插入投影片內
   調整位置如右圖
   （左邊黑色部分置於投影片外）

2. 在投影片上建立方形
   旋轉方形
3. 複製出大小不同的方形
4. 調整方形的位置如右圖
5. 最後完成的小方塊設為：灰色

> **說明** 照片超出投影片的部分是不會被顯示的，因此效果就如同裁切。
> 方形圖案位於投影片外的部分一樣是不會被顯示的。

6. 拖曳選取所有方型圖案
7. 繪圖工具→格式→合併圖案：聯集
   完成結果如右圖

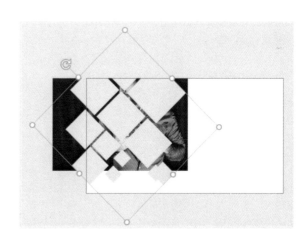

> **說明** 最後建立的方形是灰色，因此聯集結果是灰色。

8. 先選取：照片
   再選取：灰色聯集圖案
   （順序很重要）

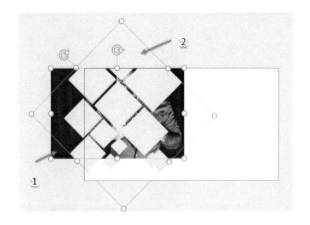

9. 繪圖工具→格式→合併圖案：
   交集

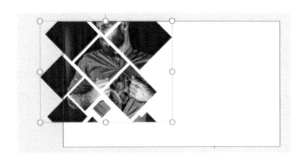

混合效果

漸層 + 鏤空

ⓒ 範例檔案：07- 鏤空透明效果

1. 設定漸層如右圖：

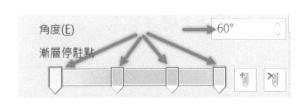

■ 結果如右圖：

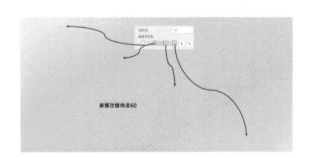

2. 建立 4 個：8 x 12 的矩形
   分別放置於 4 個角落
3. 製作 2 個紅心
4. 建立文字方塊：Heart
   大小：72、字體：Arial Black
   位置：參考右圖

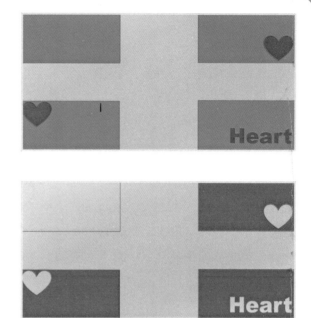

5. 設定左上角方形：無填滿
6. 合併：右上角圖案
   合併：左下角圖案
   合併：右下角圖案 + 文字
   結果如右圖：

說明 右上角、左下角合併後→心型鏤空，右下角→文字鏤空。
請注意看，3 個鏤空的地方顏色都不一樣！

材質 + 鏤空

1. 選取：範例檔案投影片：
   一個文字方塊
   一個黑色矩形
   一張雪景圖片
   如右圖：

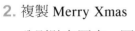

2. 複製 Merry Xmas
   分別貼在圖案、圖片上

3. 先選黑色圖案、再選文字
   進行合併
4. 先選選景圖片、再選文字
   進行合併
   結果如右圖：

透明度

2 個物件（圖案或圖片）重疊時，系統預
設圖片不透明的情況下，只能看見上層的
物件，美麗的海景被左下、右上 2 個方形
遮蔽。

若將上層物件設定為透明
就可以產生穿透效果：

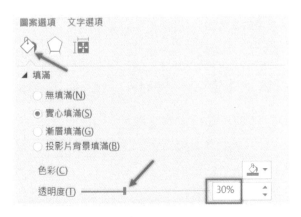

■　右圖為不同透明度產生的遮蔽效果：

3-2 圖片

⊙ 範例檔案：08- 圖片處理

圖片在簡報內容中是最重要的元素！目前網際網路資源分享是全球鄉民的共識，因此在網路上搜尋適合主題的圖片是相對簡單的，使用者唯一需要做的就是，不斷地以不同的關鍵字在搜尋引擎上作嘗試：

筆者強力建議，試圖以英文關鍵字作搜尋，因為以英文字搜尋的結果是包括全球的圖庫，圖片種類、精緻度都會有很大的提升：

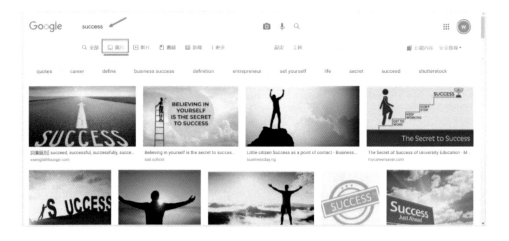

若英文程度不好也沒關係，善用網路翻譯功能：

圖片大小

- 選取圖片
  圖片工具→格式→大小

調整圖片大小有以下 3 種模式：

等比例縮放

方法 1：
拖曳圖片左上角、右上角、左下角、右下
角，任何一個控制點

方法 2：
格式→高度
　或
格式→寬度

> **說明** 圖片大小調整的系統預設方式為【鎖定長寬比】，因此調整高度變連帶等比例調整寬度，反之亦然。

只改變寬度或高度

方法 1：
拖曳圖片四個邊界線的任何一個中心點控制點。

方法 2：
格式→大小
取消：鎖定長寬比

> **說明** 取消【鎖定長寬比】後，長度、寬度就脫鉤不連動了！

裁切圖片

只擷取圖片的某一個部份

1. 在圖片上按右鍵→裁剪

2. 圖片控制點形狀改變
拖曳控制點

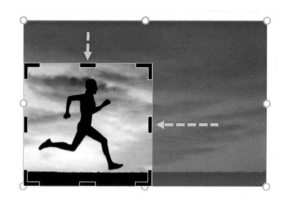

3. 完成裁剪範圍確認後
在圖片外點一下滑鼠
完成裁切
結果如右圖：

> **說明** 圖片若要重新裁剪，只需要
> 重複完成上方步驟即可。

壓縮圖片

高解析度大圖片所占記憶體很大，當投影
片中置入許多大圖後，整個檔案將會佔用
大量記憶體，效能較低的舊電腦便會產生
動作遲緩的現象，可透過【圖片壓縮】功
能降低檔案容量，以下是 2 個重要選項：

A. 確實將圖片裁減的部分去除掉
B. 降低圖片解析度

> **說明** 一旦執行壓縮圖片，關閉檔
> 案後就無法再復原到原先圖片大小
> 或解析度。

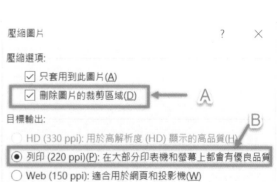

圖片格式

圖片樣式

- 圖片工具→格式→圖片樣式

  PowerPoint 的圖片樣式功能，提供豐富的圖片外框效果，如下圖：

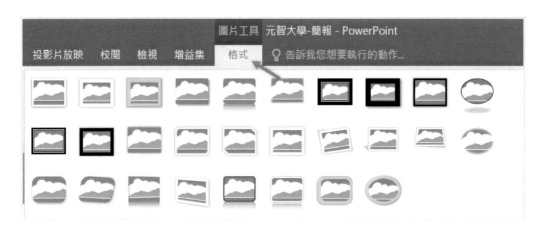

- 4 種範例效果呈現：

圖片校正、色彩、美術效果

PowerPoint 的圖片特效處理，提供 3 個快速且功能強大的【調整】功能，功能表位置如下：

■ 以下依序分別是：色彩、美術效果、校正的範例樣式

細項設定

PowerPoint 對於圖片的調整提供非常細膩的設定，提供給專業人士使用。

■ 在圖片上按右鍵→設定圖片格式，分類選單如下圖：

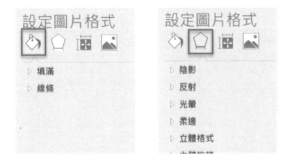 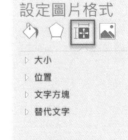 

■ 在每一個項目前方的白色三角形箭號
上點一下，即可展開細項設定如右圖：

移除背景

圖片背景若不是透明的，貼到投影片中經常會產生圖片與投影片背景顏色不協調的問題
（左下圖），每一張圖片都有矩形白色背景，就像是貼膏藥，經過【移除背景】編輯後，
圖片完全融入投影片中，十分協調（右下圖）：

白色背景圖片	去除背景圖片

- 選取圖片

  圖片工具→格式→移除背景

- 背景移除工具：

  A. 標示區域以保留：當系統偵測不完整時，以此功能增加保留範圍。

  B. 標示區域以移除：當系統偵測錯誤時，以此功能增加移除範圍。

  C. 刪除標記：取消 A、B 動作標示區域。

  D. 捨棄所有變更：恢復圖片原貌。

  E. 保留變更：確定編輯→結束編輯。

去背範例 -01

問題：頭被削邊		
偵測邊界有誤	手動調整邊界	結果
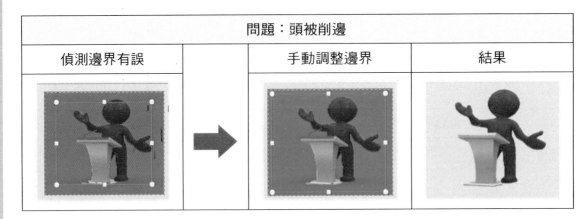		

去背範例 -02

問題：只剩下 B 字		
只偵測到 B 字	增加標示保留	結果
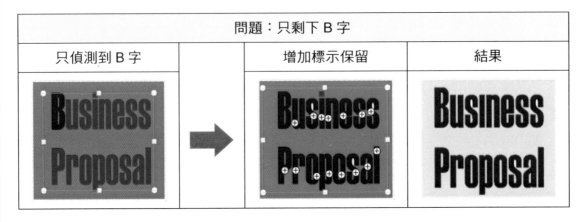		

去背範例 -03

問題：只剩下 T 字與削頭的人		
只偵測到 T 字	增加標示保留	結果
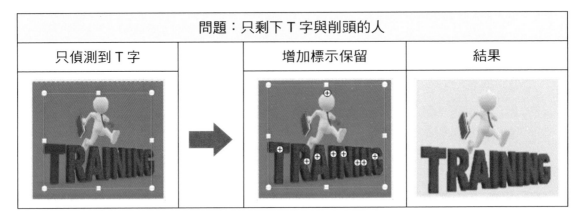		

對齊

投影片上有多個圖片、圖案時，為了版面的美觀，PowerPoint 提供【對齊】功能，如右圖：

- 水平對齊分：靠左、置中、靠右
- 垂直對齊分：靠上、置中、靠下
- 距離調整分：水平均分、垂直均分

範例操作：

a. 拖曳選取 3 張圖片
   或按住 Ctrl 鍵，分別點選圖片

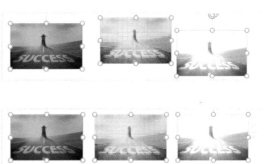

b. 對齊→靠上對齊
   對齊→水平均分
   結果如右圖：

群組

Ⓒ 範例檔案：**09- 物件群組**

投影片上有多個圖片、圖案時，若這些圖片或圖案有共同的特性或相對位置，可以使用【群組】功能，集體編輯多個物件，例如：調整位置、調整大小、套用樣式、…

多個物件的選取

A. 範圍選取：

斜對角拖曳區域範圍

（如右圖紅色虛線箭號）

選取物件：4 個方塊 + 3 條線

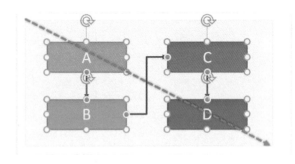

B. 個別選取：

按住 Ctrl 鍵不放

點選：方塊 A

點選：方塊 D

選取物件：方塊 A + 方塊 D

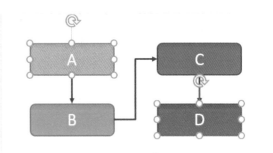

> **說明** 按住 Ctrl 鍵不放時，滑鼠指標如右圖所示
> 可以進行多個物件選取。

群組範例

- 功能表：圖片工具→格式→群組
- 範例效果如下圖：

4 個獨立圖片	群組	同時套上樣式	同時縮小

換為單一圖片

在某些情況下,我們會將多個物件轉換為一張圖片,例如:長官要求我將完成的 PPT 轉移給其他同事,我無法拒絕卻又心有不甘,這時若將物件轉為圖片,則接手的同事就無法對文件中的物件加以編輯,只能重新製作。

■ 實作範例:

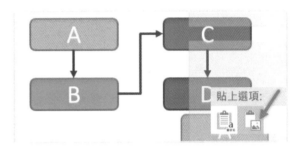

1. 拖曳選取:方塊 A、B、C、D、3 個線條
2. 按 Ctrl + C(複製)
3. 在投影片空白處
   按滑鼠右鍵
   貼上選項:圖片

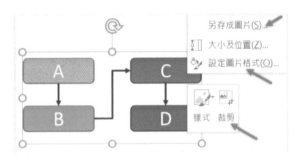

4. 在貼上的物件上按右鍵
   完成結果如右圖:
   由右圖 3 個紅色箭號標示
   可知多個物件已經成為一張圖片

> **說明** 物件可以獨立設定、編輯,圖片是一個整體,要對圖片的內容進修編輯就得大費周章,使用圖片編輯軟體了。

圖層順序

Ⓒ 範例檔案:**10- 物件層次**

1. 在圖上片上按右鍵
   選取:移到最上層
         或
   選取:移到最下層

投影片上多張圖片重疊時，必須選擇圖片的上下層關係，以下圖為例：

A. 投影片一開始只顯示中央的 Success 圖片：何謂成功？

接著逐一顯示圖片：快樂→金錢→事業→健康

B. 投影片一開始只顯示左上角的快樂圖片：快樂就能代表成功嗎？

接著逐一顯示圖片：金錢→事業→健康

最後出現中央的 Success 圖片：集合以上 4 個要素，才是完整的成功！

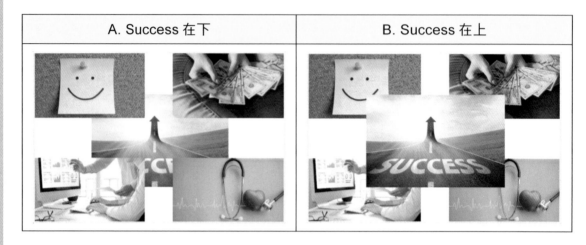

同樣的素材、同樣的故事，由不同的人來說，效果、結果完全不同，因為口氣不對、態度不對、重點不對、順序不對！

圖層順序搭配動畫播放順序的效果最佳！

簡報就是講故事的過程，有時候順序比主題內容來的重要，因為順序反了，效果可能也是相反的，上面的案例中，若把財富擺在第一順序，很容易引起聽眾的反感，若順序為：快樂→事業→健康，這 3 項都圓滿了，但在突發事件下，短期內無法籌集足夠的醫藥費或賠償金或…，因此過世了或事業失敗了或…，這時候談【財富】，不但不會俗氣，更是實務與理性的化身！

3-3 文字藝術師

© 範例檔案：**11- 文字藝術師**

沒有適當的圖片時，若能讓文字長得美美的也是一種解決方案：文字藝術師！

1. 插入→文字藝術師

   挑選一種樣式

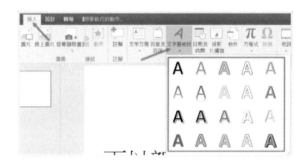

2. 輸入：文字內容

3. 設定：字體樣式、顏色

4. 文字效果

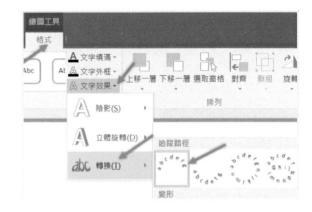

5. 將圖案中文字
   設定為：文字藝術師字型

3-4 超連結

範例檔案：**12- 超連結**

播放簡報時，投影片中設定的超連結可以讓簡報者達成以下幾項功能：

A. 開啟外部檔案
B. 播放影片
C. 連結外部網頁
D. 移動至某一張投影片

建立超連結

投影片中所有內容都可設定超連結，例如下圖中：文字、圖片、圖案，以下我們就分別以實作範例進行講解。

以文字連結外部網址

1. 選取文字內容
   插入→連結

2. 在瀏覽器中搜尋網頁
   將網址複製下來
3. 將網址貼入超連結對話方塊中
   如右圖：

■ 完成超連結設定後
   文字下方會產生底線設定
   超連結被點選過後
   文字顏色會變為咖啡色

麥當勞

以圖片連結內部檔案

1. 選取圖片，插入→超連結
2. 選取資料夾：素材
   選取檔案：麥當勞

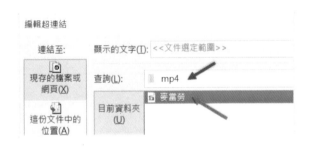

說明 本範例是連結影片檔，當投影片播放時
點選此圖片便會開啟麥當勞廣告影片
圖片超連結設定完畢後圖片外型不會有任何改變
為了提醒簡報者，我個人習慣在圖片上設定：
黃色框線，如右圖：

超連結設定

移動至某一頁

1. 選取【上一頁】圖案
    插入→超連結
    選取：這份文件中的位置
    選取：前一張投影片

2. 選取【下一頁】圖案
    插入→超連結
    選取：這份文件中的位置
    選取：下一張投影片

3. 選取【第3頁】圖案
    插入→超連結
    選取：這份文件中的位置
    選取：3.動態行政區圖

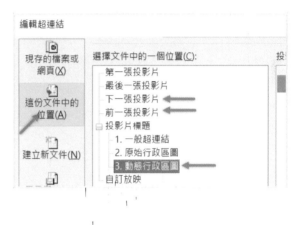

以投影片縮圖作超連結

這是 2019 板新增功能！上一個範例中，連結到：第 3 頁，缺乏提示作用，第 3 頁內容為何呢？若直接以第 3 頁投影片縮圖表示就完美多了。

1. 不用選取任何物件

2. 插入→縮放

3. 選取投影片，點選：插入鈕

■ 投影片上產生第 3 頁投影片縮圖
如右圖：

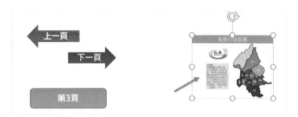

以超連結作動畫模擬

以下這個範例是希望使用：插入→動作，來模擬動畫效果，例如下方的台北行政區地圖，當我們將滑鼠移動到左上方的【北投區】時，要產生以幾個效果：

A. 地區內填滿顏色改為黃色
B. 出現北投溫泉標誌、北投區文字說明

當再一次將滑鼠移動到左上方的【北投區】時，回復為原始行政區圖

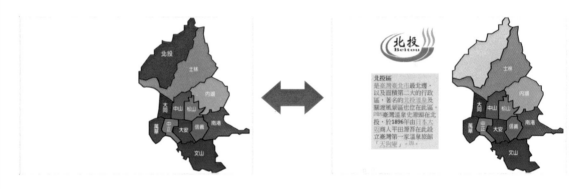

■ 準備 2 張投影片

如右圖：

1. 選取：原始行政區投影片

2. 插入→圖案：手繪多邊形

3. 沿著北投區內部邊緣線上

一點一點的圍出如右圖的範圍

起始點和結束點重疊時

範圍定義就結束如右圖

（暗藍色區域就是定義的範圍）

4. 在範圍內按右鍵→編輯文字

輸入：北投

設定：微軟正黑體、粗體、黃色

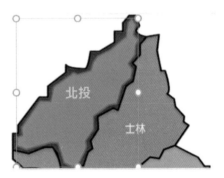

5. 繪圖工具→格式→圖案填滿

選取：色彩選取工具

將吸管置於外圍咖啡色塊中

點一下滑鼠

暗藍色範圍填入咖啡色

如右圖

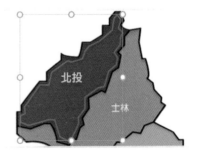

6. 繪圖工具→格式→圖案外框
   選取：無外框
   暗藍色外框線消失
   如右圖：

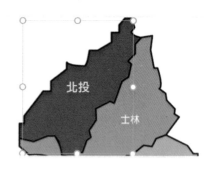

7. 複製北投區範圍
   切換到【動態行政區圖】投影片
   按貼上鈕

8. 將範圍內填滿顏色改為黃色
   如右圖：

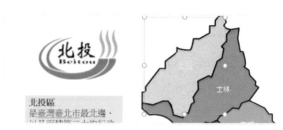

9. 切換到【一般行政區圖】投影片
   選取：北投區範圍
   插入→動作：按一下滑鼠
   選取：跳到→下一張投影片

10. 切換到【動態行政區圖】投影片
    選取：北投區範圍
    插入→動作：按一下滑鼠
    選取：跳到→上一張投影片

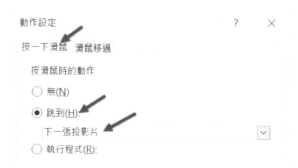

■ 投影片播放效果，如下圖：

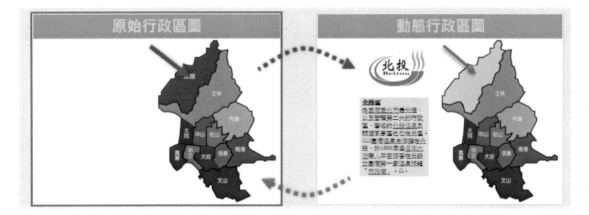

3-5 在投影片中播放影片

範例檔案：13- 視訊

前面介紹的超連結播放影片，是在 PPT 之外以新視窗的方式開啟影片，在使用上有一點小限制，就是必須點擊才會播放，這一節我們將介紹直接在 PPT 上插入影片。

在投影片中插入視訊檔的 2 個管道

由下圖可知，影片來源分為 2 個管道：

線上視訊

2016 版【插入→視訊→線上視訊】
由右圖對話方塊可知，事實上 PPT 只提供與 YouTube 的直接線上搜尋。

說明 經過筆者幾次測試關鍵字搜尋：【7-11】、【piano music】，都失敗了！

2019 版【插入→視訊→線上視訊】

請注意，系統支援如下圖 4 個網站的線上影片：

> 說明 經過筆者多次測試都成功，這就是成熟的功能了！

1. 在網站上找到影片，複製網址
2. 貼到下圖對話方塊中→產生影片，點選：插入鈕

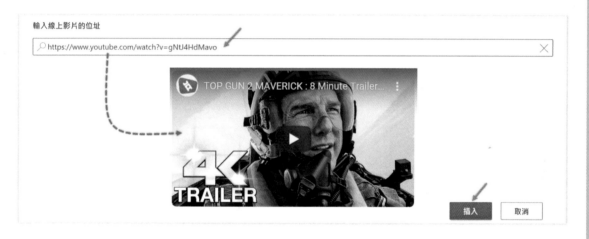

- 投影片中央產生影片超連結圖片，如右圖：
  A. 點選播放鈕即可播放影片
  B. 超連結圖片可以：移動、縮放

從影片內嵌入程式碼：

視訊檔案的容量一般都較大，不利於儲存，因此一般檔案下載網站都會提供【影片內嵌入程式碼】讓使用者以連線方式使用影片，不須下載，2019 版已不再提供此功能。

這個裝置（2019 版）、我個人電腦的視訊（2016 版）

筆者首先推薦一個免費多媒體下載網站：pexels，名字還蠻好記的：

- Pixels：圖片解析度像素的英文
- 將 i 改為 e：Pixels → Pexels

1. 在 Google 搜尋器中輸入：pexels
   選取：官網超連結

2. 在搜尋對話方塊中輸入：snow
   選取：影片

3. 選取：雪飄下影片
4. 點選影片右上角免費下載：下拉鈕
   選取大小：SD（本範例不需要太高的解析度）
   點選：免費下載鈕

■ 視窗左下角出現正在下載的訊息下拉鈕，如下圖：

說明 所有下載的影片都會被放置於：【下載】資料夾中，如右圖：

5. 插入→視訊→我個人電腦上的視訊

6. 選取資料夾：下載，選取檔案：Snow Falling Down

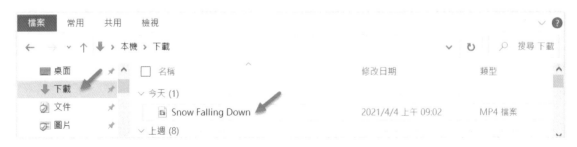

- 投影片中插入：

  影片 ＋ 播放器

  如右圖：

7. 視訊工具→播放：

   開始：自動

   選取：循環播放，直到停止

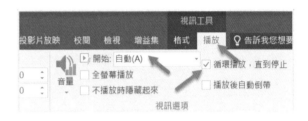

> **說明** 投影片播放時，影片便會自動不停播放，直到切換到下一張投影片。

影片播放特殊效果

前面我們介紹過圖片的編輯與特殊效果設定，再看一次工具列：

請比較一下，下方是【視訊】的工具列：

兩個工具列的功能幾乎是一致的！也就是說，圖片可以使用的編輯、特效，都可以應用在影片上！舉例如下：

加上彩色鏡片效果

有些圖片、影片若加上彩色鏡片，將可以產生懷舊氣氛⋯，或特殊情懷⋯！

■ 視訊工具→格式：淡綠色

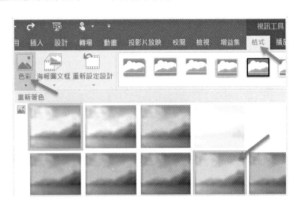

原始影片	重新著色效果
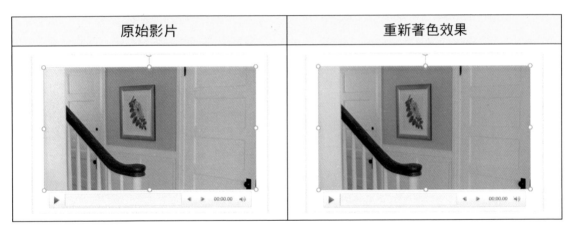	

改變播放區形狀

■ 視訊工具→格式→視訊樣式：
浮凸橢圓

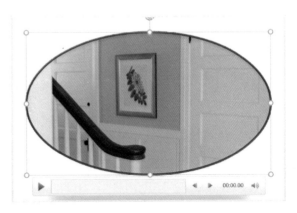

加上多重彩色鏡片效果

直接在影片上著色，將會只有一種選擇，若利用圖案的透明度，再配合動畫效果，將可產生多重彩色鏡片效果。

1. 選取：視訊
   視訊工具具→播放
   開始：自動

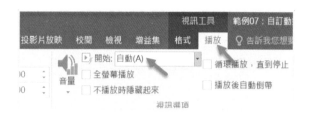

2. 建立一個橢圓形圖案
   大小與視訊相同
   顏色：橘色
   透明度：60％
3. 將圖案覆蓋於影片上方

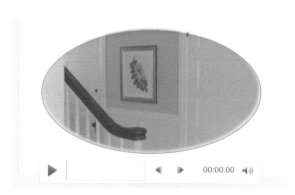

4. 設定動畫：
   效果：淡出
   開始：隨著前動畫
   延遲：5 秒

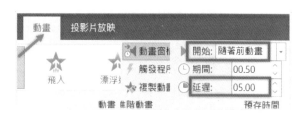

5. 複製橘色橢圓圖案
   更改顏色為：綠色
6. 將綠色橢圓圖案
   覆蓋於視訊影片上
7. 更改動畫設定：
   延遲：10 秒

■ 投影片播放效果：
   一開始投影片出現，影片開始播放：
   0 ~ 5 秒：正常鏡頭、5 ~ 10 秒：橘色濾鏡、10 ~ 15 秒：綠色濾鏡

擷取影片某一個角落

圖片可以裁切，只擷取某一個部份，影片
也可以，操作方法是一樣的。

- 視訊工具→格式：裁切
- 拖曳視訊周圍 8 個控點
  進行裁切
  結果如右圖

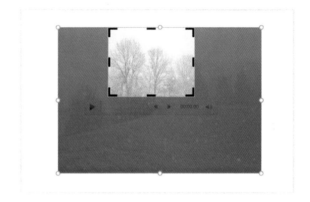

影片剪輯

若下載的影片過於冗長，**PPT** 提供極簡易
剪輯功能：只播放某範圍時間內容。

- 視訊工具→播放：剪輯視訊
- 範例中影片片長 19.2 秒
  我們想擷取：5～10 的片段
- 左側的綠色指標是影片起始點
  右側的紅色指標是影片截止點

■ 向右拖曳綠色指標 (A) 至 5 秒處
向左拖曳紅色指標 (B) 至 10 秒處

YouTube 影片下載的 3 個方法

YouTube 是目前影片資源最豐富的平台，有許多網站提供將 YouTube 平台上影片下載或轉檔的功能。

方法一：my

1. 在 YouTube 網站找到一支想要的影片後，在網址上插入【my】，如下圖：

2. 開啟 YouTubemy.com 網站

點選下方 MP4 區間內點選第 1 個 360 解析度的影片，如下圖：

> **說明** 請注意！下載檔案前方的喇叭若是黑色實心有 X 的，就是需要額外轉檔程式，否則就是無聲影片，第 2 個檔案雖然有聲音但只能線上播放無法下載。
> 因此只有第 1 個低解析度的影片可以下載。

3. 影片開始播放後

在影片上按滑鼠右鍵

點選：Save video as⋯

輸入：資料夾 + 檔案名稱

方法二：pp

1. 在 YouTube 網站找到一支想要的影片後，在網址上插入【pp】，如下圖：

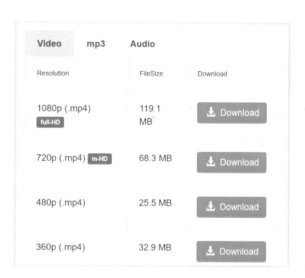

2. 開啟 y2mate.com 網站

點選下方 Video 標籤下各種解析度影片，如右圖：

Video	mp3	Audio
Resolution	FileSize	Download
1080p (.mp4) full-HD	119.1 MB	Download
720p (.mp4) m-HD	68.3 MB	Download
480p (.mp4)	25.5 MB	Download
360p (.mp4)	32.9 MB	Download

說明 A. 這個網站提供高解析度影片。

B. 此網站由情色網站所贊助，因此有大量的色情廣告。

C. 並不是每一次都會進入如上圖的成功下載畫面。

方法三：yout

1. 在 YouTube 找到影片後，刪除網址 youtube 最後 3 個字母【ube】

youtube → yout

2. 選取：mp4 標籤、選取：影片解析度、點選：格式轉移到 mp4

> **說明** A. 高解析度影片必須加入付費會員才能取得。
>
> B. 非會員每一個小時只能下載 3 部影片。

3-6 相簿

在婚禮會場中播放新人的成長、戀愛史是一種時尚，這也是簡報的基本應用之一，簡報內容就是大量的相片為主體。

PPT 提供相簿功能，用來將大量的相片快速轉換為投影片，提高簡報編輯效率。

實作範例

1. 建立一個新檔案
2. 插入→相簿→新增相簿

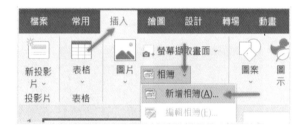

3. 點選：檔案 / 磁碟片，資料夾：素材，檔案：people-1 ～ people-8

■ 完成結果：1 張主題投影片 +8 張相片投影片

切換至投影片瀏覽模式，結果如下圖：

4. 在 google 瀏覽器上搜尋關鍵字【凡人歌】

找到如右下角的圖片→複製該圖片

5. 選取：第 1 張投影片，按 Ctrl + V（貼上）

調整圖片大小（覆蓋整張投影片），如下圖：

6. 按存檔鈕，另存新檔：14- 凡人歌

> **說明** 目前我們採用預設值：一張投影片一張相片，其實系統提供多種版面配置可供選擇，請繼續往下⋯

7. 切換回到標準模式

插入→相簿→編輯相簿

8. 選取：圖片配置→二張有標題的圖片

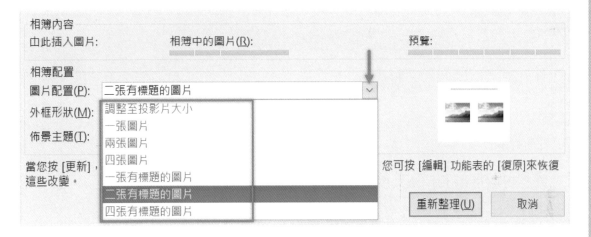

■ 結果如右圖：

1 張投影片中包含：

投影片標題 + 2 張相片

■ 切換至瀏覽模式，整體投影片如下：

3-7 在投影片中播放聲音檔

在簡報進行中播放聲音檔案有以下 2 個經常應用時機：

A. 以柔和的音樂做為背景音效，營造簡報會場氣氛。

B. 語言類教學投影片，在投影片上點擊某個按鈕後，播放出一個單字或一句話的讀音。

功能表：插入→音訊

將音效檔案插入投影片中

網站上有大量的免費音效檔案可以下載，方法不再贅述，這裡我們要介紹的是如何將音效檔案插入投影片中，並介紹各個設定值的應用時機。

實作範例

1. 開啟範例檔案：14- 凡人歌
2. 選取：第 1 張投影片
3. 插入→音訊：
   我個人電腦上的音訊
   資料夾：素材、檔案：凡人歌

■ 投影片中央產生一個喇叭圖示及一
  個長條型簡易播放器
  如右圖：

4. 拖曳喇叭圖示到右下角

■ 音訊播放重要設定如下圖：

A. 在背景播放：

本範例希望在投影片播放過程中，以背景方式播放：凡人歌。

B1.開始：

自動：投影片開始播放時，凡人歌就自動跟著播放。

按一下：必須手動點喇叭圖示才會開始播放選凡人歌。

B2.跨影片播放：

選取：投影片一張一張往下播放時，凡人歌持續播放。

取消：第一張投影片結束時，凡人歌便中斷了。

B3.循環播放，直到停止：

選取：凡人歌播放完畢後，若投影片尚未播完，凡人歌自動重複。

取消：凡人歌播放完畢後，若投影片尚未播完，凡人歌不再重複。

C. 放映時隱藏：

投影片放映時，喇叭圖示自動隱藏，不會影響畫面美感。

錄製音效檔

範例檔案：15- 語文教學

這一節我們要介紹使用音效的第 2 個時機，製作語言類教學投影片。

 These are books.

 Those are pens.

如上圖所示，在投影片播放時，滑鼠移動至右上書籍圖片上，書籍下方便會出現播放器，點選播放鈕：預錄好的英文句子便會播放出來。

實作範例

1. 建立新簡報
2. 設定投影片→版面配置：空白
3. 在網路上搜尋 books 圖片
   複製並貼到投影片上 These are books.
4. 在網路上搜尋 pens 圖片
   複製並貼到投影片上 Those are pens.
5. 在投影片中央建立 2 個文字方塊
   內容如右圖：

> **說明** 我們希望的效果：操作者點選圖片便可播放自行錄製的教學句子。

1. 插入→音訊：錄音

2. 輸入音訊名稱：books

3. 點選：錄音鈕

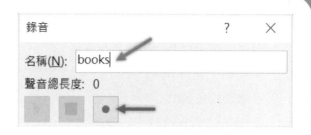

4. 對著麥克風說：

「These are books.」

完成後按下：停止鈕

按確定鈕便結束錄製

> **說明** 錄製過程中可看到聲音總長度數字的變化。

5. 將喇叭圖示拖曳到 books 文字方塊右側。

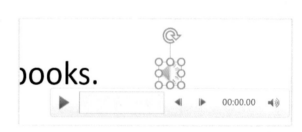

6. 重複 1～5 步驟

錄製 pens 音效檔

完成如右圖：

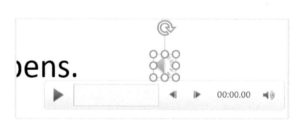

> **說明** 原始的喇叭圖示太簡陋，我們希望採用網路上抓回來貼在投影片左側的圖片，作為音效檔的顯示圖示。

7. 在 Books 圖片上按右鍵：另存新檔，輸入檔名：桌面 \books

在 pens 圖片上按右鍵：另存新檔，輸入檔名：桌面 \pens

8. 選取 books 音效喇叭圖示

  音訊工具→格式→變更圖片

  從檔案：桌面 \books

  音效圖片拉大

9. 選取 pens 音效喇叭圖示

  音訊工具→格式→變更圖片

  從檔案：桌面 \pens

  音效圖片拉大

匯出音效檔

透過系統錄製的音效檔可以匯出，另外儲存為獨立檔案，後續應用更靈活。

1. 在 books 音效圖示上按右鍵

  →另存媒體為…

2. 輸入檔案名稱：

  桌面 \books

說明 網路上可以找到非常多的免費錄音程式，手機上更有許多免費錄音 APP，善用這些工具，將可大幅提升工作效率。

簡易聲音剪輯

聲音錄製時若前後延遲的空白時間過多，可利用 **PPT** 提供的簡易編輯功能，去除多餘的空白聲音段落。

- 音訊工具→播放：剪輯音訊

- 觀察音訊軌道中的聲音波幅，左側 1/4、右側 1/4 都呈現一直線，表示是沒有聲音的空白聲音段落。

- 向右拖曳綠色指標至適當處：設定音效播放起始點

向左拖曳紅色指標至適當處：設定音效播放結束點

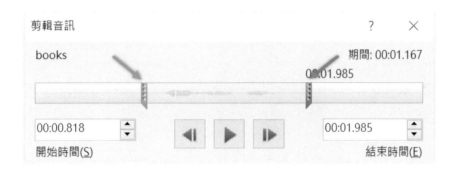

> **說明** 這樣的操作並未實際變更聲音檔內容，只是做了播放設定，因此可以反覆實施。

NOTE

chapter 4

分析工具與 SmartArt

商業決策流程：資料整合→分析→決策，SWOT 分析、5 力分析都是目前企業最普遍採用的方法，在 PowerPoint 系統中 SmartArt 更是呈現分析資料的最佳工具，再搭配動畫設定，整份簡報就是菁英的代表！

分析工具

商業簡報中常會用到 SWOT 分析、五力分析，但學生的作品中常會出現錯誤舉例，筆者判斷這些錯誤是源於對：商業實務、產業概況、商品定位、行銷策略、⋯，認知不足所造成，因此以下針對實際案例進行分析。

SWOT 分析

優勢（Strengths）面向

- 公司有什麼專業或特色是競爭對手沒有的？
- 公司熟悉什麼樣的東西／領域？
- 公司有什麼樣的資源？
- 公司能做到什麼別人做不到或比別人好的？

劣勢（Weaknesses）面向

- 公司特別不熟悉什麼？
- 公司在什麼方面的資源比較少？
- 公司比較做不到什麼？

機會（Opportunities）面向

- 有什麼樣的服務或產品是公司可以發展的？
- 現在的產業環境對公司而言有什麼可能？

威脅（Threats）面向

- 競爭對手可能會如何影響公司？
- 產業環境的變動會不會造成公司的不利？

五力分析

現有競爭

A. 產品、服務的差異

B. 產業轉型的難易度

C. 競爭者數量、力度

D. 產業前景

E. 服務、產品的生命週期

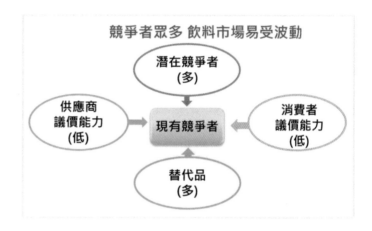

供應商議價能力

A. 產品或服務的稀缺性

B. 轉換供應商的成本

C. 供應商在產業中的市佔率

D. 供應商有瓜分下游市場的企圖

E. 供應商的長期配合與信賴

購買者議價能力

A. 購買數量

B. 購買者轉換供應商成本

C. 購買者取得商品或服務資訊的能力

D. 購買者自行生產的能力

E. 購買者與供應商的相對實力

新進入者的威脅

A. 市場進入障礙度

B. 品牌知名度、客戶忠誠度

C. 專利權

D. 政府特許、法規限制

替代品的威脅

A. 比現有產品更好價格或性能

B. 轉換成本低

C. 時代的變遷

D. 客戶忠誠度

案例 NikeSWOT 分析（專業版）

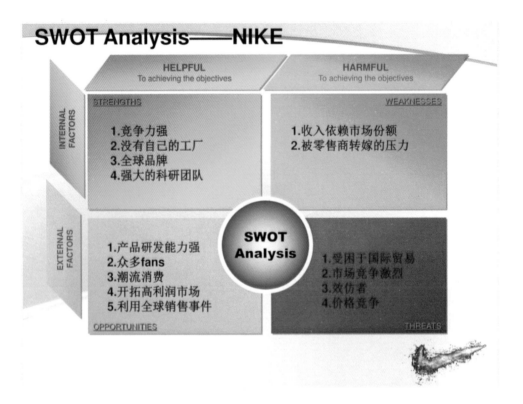

SWOT Analysis——NIKE

	HELPFUL To achieving the objectives	HARMFUL To achieving the objectives
INTERNAL FACTORS	**STRENGTHS** 1.竞争力强 2.没有自己的工厂 3.全球品牌 4.强大的科研团队	**WEAKNESSES** 1.收入依赖市场份额 2.被零售商转嫁的压力
EXTERNAL FACTORS	**OPPORTUNITIES** 1.产品研发能力强 2.众多fans 3.潮流消费 4.开拓高利润市场 5.利用全球销售事件	**THREATS** 1.受困于国际贸易 2.市场竞争激烈 3.效仿者 4.价格竞争

案例 NikeSWOT 分析（學生版）

案例：台灣NIKE

S（優勢）	W（劣勢）
1. 居運動鞋品牌領導地位 2. 消費者對品牌認知及品牌忠誠度高 3. 在台市場佔有率遠超過其他品牌 4. 品牌形象良好(透過廣告及贊助等 有效宣傳NIKE 理念)	1. 產品價位較高 ✖ 2. 廣告代言人支出較其他品牌高 ✖
O（機會）	T（威脅）
1. 近年來市場運動休閒風興起，運動 人士之消費者增多 2. 現代人越來越重視運動生活與品質 3. 消費者對運動傷害保健的觀念強化	1. 市場仿冒品氾濫 ✖ 2. 其他知名運動品牌的挑戰 3. 新產品生產週期縮短

筆者對於上圖中 3 點不認同，說明如下：

- 劣勢：產品價位較高

  解說：Nike 品牌定位就是高檔，價格若壓低，品牌也完蛋了。

- 劣勢：廣告代言人支出比其他品牌高

  解說：Nike 2019 年度營收為 390 億美元，如果營收增加 1% 就是 3.9 億美元，廣告代言人費用對於 Nike 這種規模的全球化企業根本是九牛一毛，運動產業是一種時尚產業，追逐球明星、偶像崇拜是這個產業的常規，因此一流的品牌當然找一流運動明星代言，以較低的費用簽下二流的代言人將嚴重影響 Nike 的品牌地位。

案例 Nike 五力分析（專業版）

A. 供應商的議價能力：低

運動用品製造商因多在開發中國家的關係，產品上也有固定模版，人力上較充足，價格也比較低。Nike 身為知名大廠，很多供應商都會想做他的生意，因此對供應商來說屬於弱勢，議價能力較低。

B. 購買者的議價能力：中等

消費者容易選擇不同的品牌，轉換成本低，但消費者不太可能會去下大量的訂單，因此單一消費者對 Nike 而言，就算買其他品牌，也不足以構成威脅，因此屬中等強度。

C. 新進入者的威脅：低

在該產業中不僅有 Nike，還有多個知名品牌（如：adidas 等）在產業上有一定聲譽，這些大牌也有多數的品牌擁護者，故對新進入者而言，門檻及進入成本較高，對 Nike 而言將不足以構成龐大威脅。

D. 替代品的威脅：中等

運動用品商店及品牌比比皆是，潮流的演變也有可能造成競爭對手搶去所有消費者的狀況，若非有一定的品牌忠誠，替代品可能會構成威脅。以 Nike 來說，雖客戶轉換成本低，但它不僅有忠實客戶及同時也是潮流的先驅，所以在這屬中等強度。

E. 同業廠商的競爭強度：高

2016 年運動品牌新秀 Under Armour 以排汗運動衫的技術創新，並簽下籃球巨星 Curry 代言，挑戰業界龍頭 Nike 地位，目前 Nike 也往專業方向移轉，並大量投資運動明星，也發展獨門技術，以保持競爭力。

SWOT 習作

1. TESLA 電動車席捲全球車市，請先
   上網查詢：
   - TESLA 相關新聞報導
   - TESLA 股價走勢
   - 電動車產業分析
   - 各國電動車產業政策
   - 新能源產業發展趨勢
   - 國際油價走勢
   - …

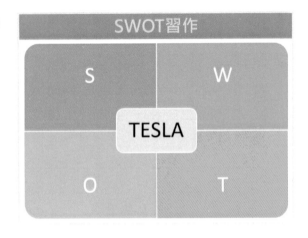

2. 接著請將查詢資料做整合，並區分為 4 大類：S 優勢、W：弱勢、O：機會 T：威
   脅，並填入上圖 4 個象限中。
3. 簡化 SWOT 分析表內容，每一個象限只保留一個項目
4. 將象限內的文字敘述更換為圖片。

4-2 SmartArt

商業簡報中會使用到大量的：流程介紹、組織架構、行銷策略、…等等商業元素，
SmartArt 是利用簡易幾何圖型組合，讓上述商業元素做圖型化呈現。

SmartArt 樣式

我們先看看系統提供哪些範例圖型：

- 插入→ SmartArt

- 種類：如右圖

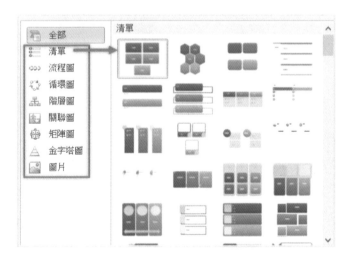

建立循環圖

選取樣式

1. 插入→ SmartArt
   選取：循環圖→星型

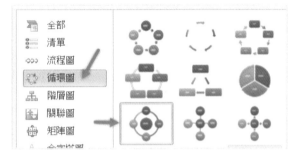

輸入文字

2. 在對話方塊中輸入文字

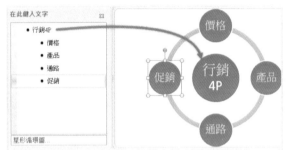

改變造型

3. 選取：版面配置、選取：SmartArt 樣式

變更色彩

4. 選取色彩如右圖：

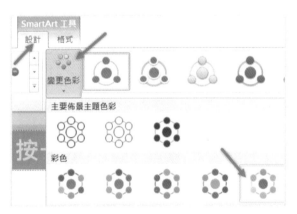

設定字體

5. 字體格式：
   微軟粗黑、粗體
   完成結果如右圖：

字型設定

A. 選取：SmartArt 內單一物件，可單獨除設定字型

B. 選取：整個 SmartArt 物件，可整體設定字型

C. 若一份簡報中所有 SmartArt 物件都要設定為同樣字型：
設計→字型，但只能選取字體、無法設定大小、特效。

圖文結合

上一節是 SmartArt 的基本圖形，內容以文字為主，本節的 SmartArt 樣式是更為多元的圖文整合。

© 範例檔案：**16- 圖文整合 SmartArt**

練習 1

■ 插入→ SmartArt
圖片→圓形圖片圖說文字

■ 利用素材資料夾中圖片檔
　建立如右圖 SmartArt

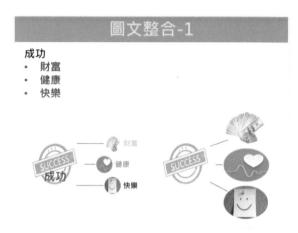

練習 2

■ 插入→ SmartArt
　圖片→遞增圖片輔色流程圖

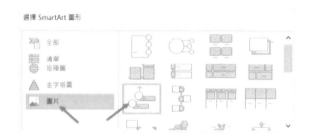

■ 請利用 google 搜尋器
　找到 number 相關圖片
　並利用小畫家裁切出
　數字 0~9 的圖片
　建立如右圖 SmartArt

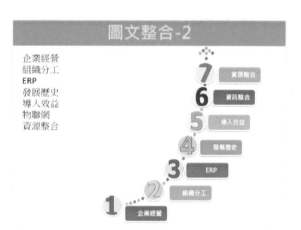

SmartArt 變形蟲

SmartArt 的樣式是由基本圖案所組成，配合【變更圖案】功能，便能將系統提供的
SmartArt 樣式做翻天覆地的大變身。

ⓒ 範例檔案：**17- 變形 SmartArt**

右圖 SmartArt 圖形是系統預設樣式不提
供的，這一節我們就要利用變更圖案，及
一些圖案基本功能為 SmartArt 進行創作。

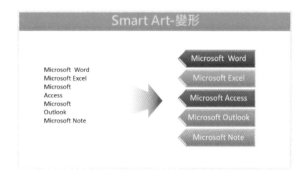

實作練習

1. 插入→ SmartArt →清單：垂直項目符號清單

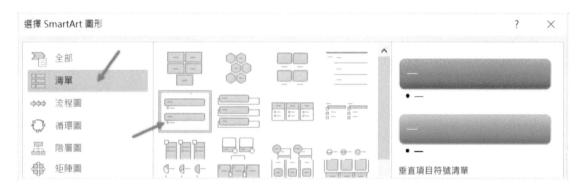

■ 產生的 SmartArt 圖型樣式
   與我們的要求有很大差距

2. 刪除文字框內項目
   只保留最上方項目

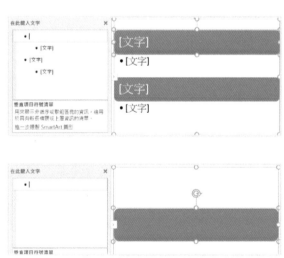

3. 複製範例檔案文字項目
　　貼到文字方塊內

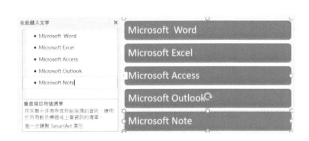

4. 設定：色彩、樣式
　　如右圖：

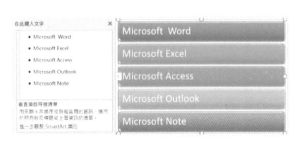

5. 按住 **Ctrl** 鍵不放
　　分別點選 **5** 個項目圖案

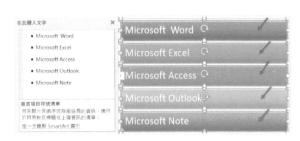

6. 格式→變更圖案
　　箭號圖案→五邊形
　　如右圖：

■　結果如右圖：

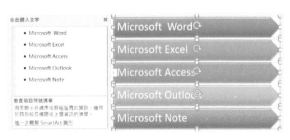

7. 格式→旋轉：水平翻轉

結果如右圖：

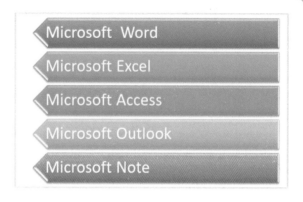

自主練習題

以下有 6 個自主練習題，希望各位讀者自行練習，若過程中卡關了，再參考本書所提供的影音教學。

■ 請利用範例投影片：條列式 -1，建立下方 SmartArt

標題 矩陣圖	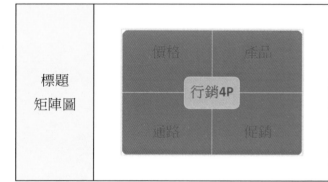	

■ 請利用範例投影片：條列式 -2，建立下方 SmartArt

垂直 方程式圖	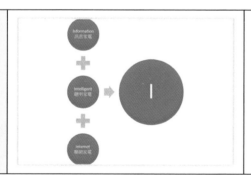	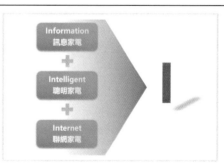

■ 請利用範例投影片：條列式-3，建立下方 SmartArt

星形圖組	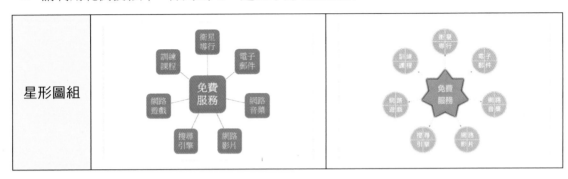

■ 請利用範例投影片：流程-1，建立下方 SmartArt

基本 時間表	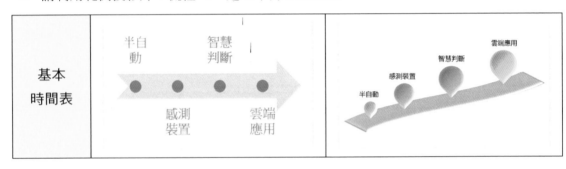

■ 請利用範例投影片：流程-2，建立下方 SmartArt

向上箭號	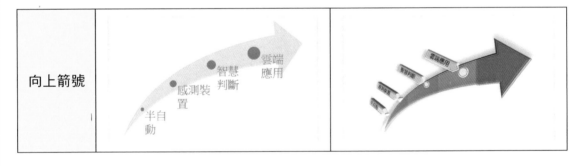

■ 請利用範例投影片：流程-3，建立下方 SmartArt

彎曲圖片 輔色清單	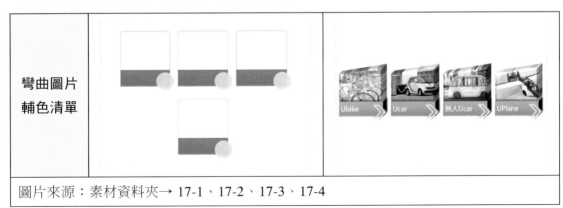

圖片來源：素材資料夾→ 17-1、17-2、17-3、17-4

SmartArt 動畫

© 範例檔案：**18-SmartArt 動畫**

SmartArt 是一個組合物件，物件中每一個
元素都可拆解分開。

- 將右圖中連結線向外拖曳
  就可清楚整個 SmartArt 的結構

- 點選：右上連結線
  發現它是一個方形的 1/4 圓框

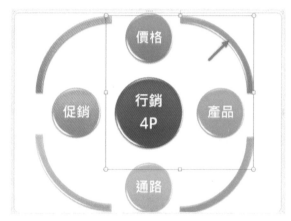

既然 SmartArt 是一個可拆解的組合物件，物件中每一個元素都分開做動畫設定，請看以
下介紹。

動畫設定

1. 選取物件：
   右圖左邊環狀 SmartArt 物件
2. 設定動畫效果：擦去

- 請參考右圖：
  物件左上角產生一個【1】
  代表產生一個動畫效果
  （物件被視為一個整體）

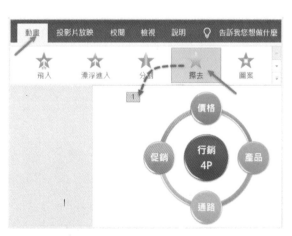

3. 動畫→效果選項

選項：一個接一個

■ 物件左上角顯示：

產生 5 個動畫效果

■ 動畫窗格：5 個動畫效果

> 說明 效果選項中還有：方向、順序 2 個類別可供設定，我們將在統計圖動畫中做詳細介紹。

簡報表格的真義

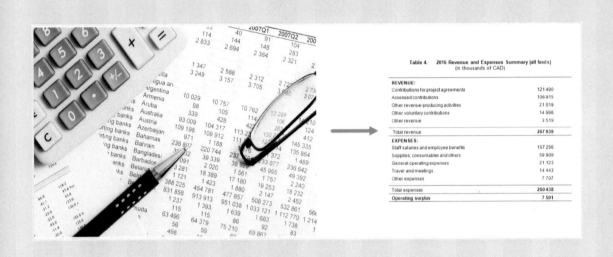

簡報的精隨在於「簡」：精簡，商業運作所產生的大量數據
資料會出現在 Word 文件、Excel 試算表，但 PowerPoint 上
所呈現的資料卻必須是精簡再精簡，用於：分析→決策的資
料，千萬不要把資料稽核的細節置入簡報文件中！

觀念講解

表格是呈現數據資料最好的工具,但是切記:「Word 文件表格用途與 PowerPoint 簡報表格用途是不同的!」,說明如下:

- 文件表格:詳細完整的資料。

- 簡報表格:意象概念表達的資料。

差異的原因:

- 簡報有時間的限制性,不允許鉅細靡遺的個別數字探討。

- 簡報是一種意念的傳達,強調結果並進行差異分析,因此著重於關鍵數字,而非完整的原始數據。

- 簡報的接收者應該是:聽眾、觀眾,而非【讀者】!

文件的表格:

	A	B	C	D	E	F	G	H	I	J	K	L
1	部門	單位	員工姓名	職稱	月薪	年假天數	休假天數	未休天數	未休假獎金	加班時數	加班費	年薪資
2	管理處	人事課	陳舜庭	人事專員	52,530	7	0	7	13,133	0	0	866,745
3	管理處	人事課	張財全	人事助理	31,930	7	0	7	7,983	5	10690	526,845
4	管理處	人事課	楊習仁	人事經理	29,767	7	0	7	7,442	0	0	491,156
5	管理處	人事課	劉伯村	人事專員	28,325	7	0	7	7,081	4	7590	467,363
6	管理處	人事課	陳建岳	人事專員	23,690	7	0	7	5,923	4	6350	390,885
7	商品開發處	企劃課	王禾	企劃副理	60,770	14	0	14	30,385	5	20350	1,002,705
8	商品開發處	企劃課	鄭黛明	企劃助理	36,565	14	4	10	13,059	0	0	603,323
9	商品開發處	企劃課	黃憲政	企劃專員	35,535	7	1	6	7,615	2	4760	586,328
10	商品開發處	企劃課	謝琿萍	企劃專員	35,535	7	1	6	7,615	2	4760	586,328

簡報的表格：

人（97筆）→單位（17筆）	單位（17筆）→部門（3筆）

列標籤	平均月薪	平均未休假獎金	平均加班費
人事課	33,248	8,312	4,926
企劃課	35,029	9,620	3,705
行政課	35,411	5,474	5,762
研發一課	50,388	17,572	26,068
研發二課	39,758	8,468	26,204
研發三課	40,960	11,829	10,213
採購部	31,915	4,501	9,814
會計部	38,905	7,917	11,000
業務一課	37,677	8,516	5,714
業務二課	37,410	10,781	10,006
業務三課	39,222	8,219	3,312
業務四課	38,316	6,894	11,354
董事長室	190,550	34,027	-
資訊部	39,258	5,533	2,843
圖書室	20,634	2,894	4,513
維修部	38,456	13,460	6,275
總經理室	105,575	43,904	25,070
總計	41,820	10,722	9,456

列標籤	平均月薪	平均未休假獎金	平均加班費
商品開發處	38,389	9,956	12,709
業務部	38,156	8,602	7,597
管理處	46,237	12,313	7,749
總計	41,820	10,722	9,456

說明 簡報聽眾不同時，筆者建議表格資料中所有的單位應有所差異：

- 財經專業、國際接軌：千→百萬→十億
- 一般專業、國內使用：萬→億→兆

一張圖勝過千言萬語：

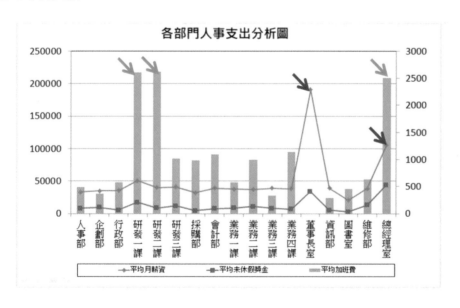

- 相對於表格資料，統計圖更能達到一目瞭然的效果。
- 統計圖搭配動畫效果，更能突顯差異比較效果。

5-2 資料表簡化實作

C 範例檔：19- 資料表

	A	B	C	D	E	F	G	H	I	J	K	L
1	部門	單位	員工姓名	職稱	月薪	年假天數	休假天數	未休天數	未休假獎金	加班時數	加班費	年薪資
2	管理處	人事課	陳舜庭	人事專員	52,530	7	0	7	13,133	0	0	866,745
3	管理處	人事課	張財全	人事助理	31,930	7	0	7	7,983	5	10690	526,845
4	管理處	人事課	楊習仁	人事經理	29,767	7	0	7	7,442	0	0	491,156
5	管理處	人事課	劉伯村	人事專員	28,325	7	0	7	7,081	4	7590	467,363
6	管理處	人事課	陳建岳	人事專員	23,690	7	0	7	5,923	4	6350	390,885
7	商品開發處	企劃課	王禾	企劃副理	60,770	14	0	14	30,385	5	20350	1,002,705
8	商品開發處	企劃課	鄭黛明	企劃助理	36,565	14	4	10	13,059	0	0	603,323
9	商品開發處	企劃課	黃憲政	企劃專員	35,535	7	1	6	7,615	2	4760	586,328
10	商品開發處	企劃課	謝慧萍	企劃專員	35,535	7	1	6	7,615	2	4760	586,328

我們要對上圖資料進行簡化：統計各部門→平均月薪、平均獎金、平均加班費，我們採用樞紐分析表工具：

樞紐分析表

1. 選取工作表：1- 總表

   選取：A1 儲存格

   插入→樞紐分析表

   按完成鈕

■ 產生一張新的試算表，內容就是【樞鈕分析表】，如下圖：

2. 樞紐分析表→分析→選項
　　顯示：古典樞紐分析表…

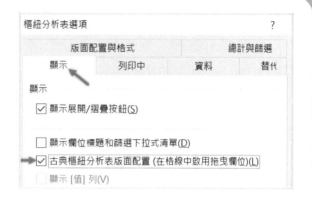

3. 在欄位設定區勾選欄位：部門名稱、月薪、未休假獎金、加班費
　　在資料表區顯示統計資料，如下圖：

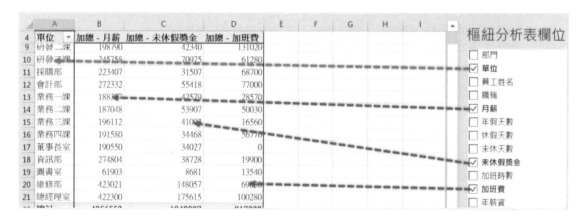

> **說明**【部門名稱】是文字類型資料，因此統計時自動被設定為〔分組〕欄位。
> 【月薪】、【未休假獎金】、【加班費】都是數字類型資料，因此統計時自動被設定為
> 〔加總〕欄位。

4. 在 B 欄任一資料格上按右鍵
　　摘要值的方式→平均值

5. 在 C 欄任一資料格上按右鍵
　　摘要值的方式→平均值

6. 在 D 欄任一資料格上按右鍵
　　摘要值的方式→平均值

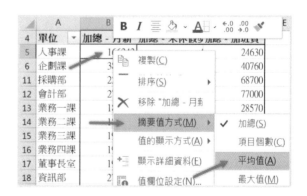

■ 欄位名稱由【加總 xxx】變更為【平均值 xxx】

統計數據部分很明顯變小很多，如下圖：

	A	B	C	D	E	F	G
4	單位 ▾	平均值 - 月薪	平均值 - 未休假獎金	平均值 - 加班費			
5	人事課	33248.4	8312.4	4926			
6	企劃課	35029.36364	9620.181818	3705.454545			
7	行政課	35411.4	5473.8	5762			
8	研發一課	50387.6	17571.8	26068			
9	研發二課	39758	8468	26204			

7. 複製 D3:A20 範圍資料

8. 選取工作表：2- 單位平均，選取儲存格：A1，按 Ctrl +V（貼上）

9. 選取範圍：B2:D18，點選：千分位鈕，點選：減少小數點鈕

	A	B	C	D	E	F	G
4	單位 ▾	平均值 - 月薪	平均值 - 未休假獎金	平均值 - 加班費			
5	人事課	33,248	8,312	4,926			
6	企劃課	35,029	9,620	3,705			
7	行政課	35,411	5,474	5,762			
8	研發一課	50,388	17,572	26,068			
9	研發二課	39,758	8,468	26,204			

說明 照理來說資料簡化目前已經完成，但對於【簡報】來說，10525 與 10500 與 10000 的差異並不大，簡報要的是一個大數、概念、趨勢，因此我們還要繼續簡化，將單位由【元】改為【千元】。

單位千元

1. 在任一空白儲存格上輸入：1000 ，按複製鈕

2. 選取範圍：B2:D18

	A	B	C	D	E	F	G	H
1	單位	平均值 - 月薪	平均值 - 未休假獎金	平均值 - 加班費		1000		
2	人事課	33,248	8,312	4,926				
3	企劃課	35,029	9,620	3,705				
4	行政課	35,411	5,474	5,762				
5	研發一課	50,388	17,572	26,068				
6	研發二課	39,758	8,468	26,204				

3. 常用→貼上→選擇性貼上

　　選取：運算→除

■ 範圍：B2:D18 內所有數值都被除以 1000

　　設定：小數點 0 位，結果如下圖：

	A	B	C	D	E	F	G	H
1	單位	平均值 - 月薪	平均值 - 未休假獎金	平均值 - 加班費		1000		
2	人事課	33	8	5				
3	企劃課	35	10	4				
4	行政課	35	5	6				
5	研發一課	50	18	26				
6	研發二課	40	8	26				

5-3 PowerPoint 表格

範例檔：20- 表格

PowerPoint 表格功能相對於 Excel 表格就遜色多了，它只提供簡易表格功能，並不提供計算、統計、資料篩選等進階資料處理能力，因此手上的資料若是最終結果，只需要在簡報上作展示的，就可直接使用 PowerPoint 表格，若還需要作進一步處理的，就先到 Excel 處理完畢後再貼至 PowerPoint。

範例實作

1. 插入→表格

拖曳：5 欄 x 5 列 範圍

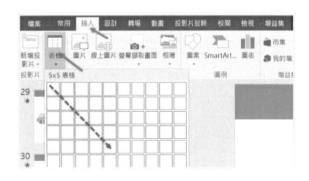

2. 建立表格：5 欄 x 5 列

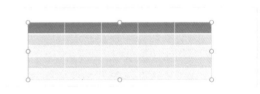

說明 上面範例中，無論插入的表格是幾欄，表格寬度固定為 16.93cm（系統自訂），每一個欄位均分 16.93cm/ 5 的寬度，而每一列的高度都是固定的 1.03cm。

3. 分別拖曳表格外圍 4 個控制點：欄
寬、列高等比例放大

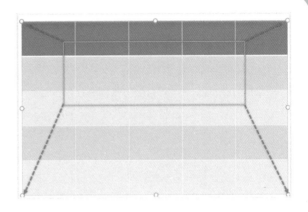

> **說明** 拖曳控制點時若按住 Ctrl 鍵，表格整體變大或縮小會同時向 4 個方向進行。
> 此上面的 4 個步驟操作，可更改為以下 2 個步驟操作：
> a. 將表格移動至投影片空白區域的中央。
> b. 按住 Ctrl 鍵，拖曳右下角控制點。

4. 將第 1 條欄邊界線向右拖曳
（第 1 欄變寬、第 2 欄變窄）

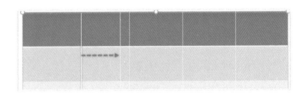

5. 選取：第 1 列 2～5 欄
表格工具→版面配置
平均分配欄寬

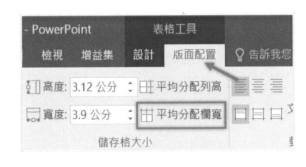

6. 第 1 欄寬度不變
2～5 欄寬度相等

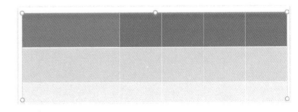

> **說明** PowerPoint 表格操作功能相對於 Word，是比較陽春的！
> 上下格子的寬度必須是一致的，因此上個步驟，只選取：第 1 列 2～5 欄，結果卻是
> 所有列的 2～5 欄都被均分。

7. 輸入資料如右圖：

8. PowerPoint 表格特性

- 預設字體大小：18pt
- 內容皆為文字：靠左對齊

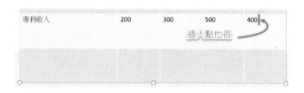

收入項目	第1季	第2季	第3季	第4季
銷貨收入	300	450	280	600
勞務收入	20	30	20	50
諮詢顧問收入	40	60	50	100
專利收入	200	300	500	400

9. 將插入點置於：

在第 5 列第 5 欄內容 400 後方

按 Tab 鍵

（下方產生一空白列）

（表格超出投影片底部）

專利收入	200	300	500	400

插入點位置

10. 向上拖曳表格底部中央控制點

（所有列高度等比例縮小）

收入項目	第1季	第2季	第3季	第4季
銷貨收入	300	450	280	600
勞務收入	20	30	20	50
諮詢顧問收入	40	60	50	100
專利收入	200	300	500	400

11. 將插入點置於：

第 1 列第 5 欄內

表格工具→版面配置

插入右方欄

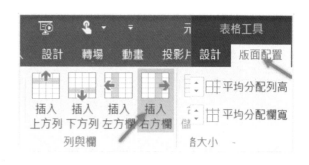

12. 表格最右方插入第 6 欄

第 6 欄欄寬 = 第 5 欄欄寬

每一個欄位等比例縮小

收入項目	第1季	第2季	第3季	第4季	
				插入點位置	
銷貨收入	300	450	280	600	

13. 選取：第 6 列 2~5 欄
表格工具→版面配置
合併儲存格

		高度: 2.6 公分	平均分配列高
合併儲存格	分割儲存格	寬度:	平均分配欄寬
合併		儲存大小	

14. 輸入資料如右圖：

■ PowerPoint 表格特性
- 儲存格無計算功能
  （自行計算後輸入）
- 無法進行數字格式設定
  （千分位必須自行輸入）

收入項目	第1季	第2季	第3季	第4季	項目合計
銷貨收入	300	450	280	600	1,630
勞務收入	20	30	20	50	120
諮詢顧問收入	40	60	50	100	250
專利收入	200	300	500	400	1,400
年度合計					3,400

15. 選取：表格
字體：微軟正黑體、20pt
垂直對齊：置中
選取：數字資料欄位及儲存格
水平對齊：靠右

收入項目	第1季	第2季	第3季	第4季	項目合計
銷貨收入	300	450	280	600	1,630
勞務收入	20	30	20	50	120
諮詢顧問收入	40	60	50	100	250
專利收入	200	300	500	400	1,400
年度合計					3,400

16. 將插入點置於表格內任意處
表格工具→設計→表格樣式
任選一種

■ 表格套上美美的外衣

如右圖：

收入項目	第1季	第2季	第3季	第4季	項目合計
銷貨收入	300	450	280	600	1,630
勞務收入	20	30	20	50	120
諮詢顧問收入	40	60	50	100	250
專利收入	200	300	500	400	1,400
年度合計					3,400

5·4 Excel 表格

Office 是一套整合性軟體，因此在 PowerPoint 系統中可以直接操作 Excel 表格。

範例實作

1. 插入→表格→ Excel 試算表

- 結果如右圖：

  在投影片中插入 Excel 試算表

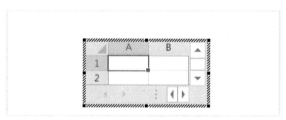

2. 拖曳表格右下角控制點

   （擴大表格範圍）

3. 輸入資料

4. 設定資料格式（千分位）

5. 加總資料

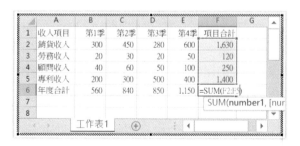

6. 在表格外點一下滑鼠左鍵
（回到 PowerPoint 投影片）

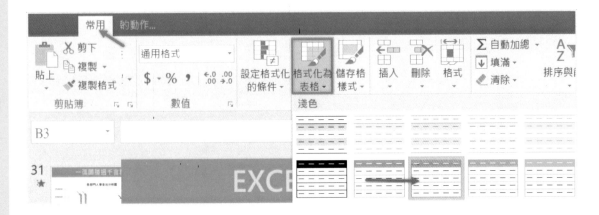

7. 在 Excel 表格上連點 **2** 下（再度進入 Excel 試算表模式）
常用→格式化為表格：任選一種（參考下圖）

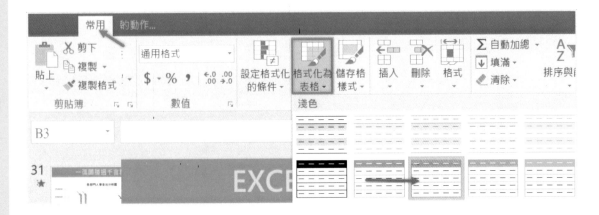

8. 在表格外點一下
（回到 PowerPoint 投影片）

9. 拖曳表格控制點
表格被放大如右圖：

> **說明** Excel 表格插入投影片後，就被視為圖片處理，當你拖曳控制點時，表格內所有東西都等比例放大，相對位置固定，就如同圖片放大一般。
> 但上圖中右邊空白欄、下方空白列，卻無法以圖片裁剪方式去除。

10. 回到 Excel 試算表

拖曳 Excel 表格控制點

（僅包含資料範圍）

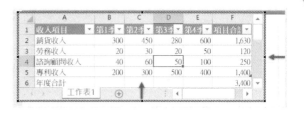

11. 回到投影片模式

（空白欄列不見了）

收入項目	第1季	第2季	第3季	第4季	項目合計
銷貨收入	300	450	280	600	1,630
勞務收入	20	30	20	50	120
諮詢顧問收入	40	60	50	100	250
專利收入	200	300	500	400	1,400
年度合計					3,400

12. 拖曳表格控制點

（表格等比例放大）

收入項目	第1季	第2季	第3季	第4季	項目合計
銷貨收入	300	450	280	600	1,630
勞務收入	20	30	20	50	120
諮詢顧問收入	40	60	50	100	250
專利收入	200	300	500	400	1,400
年度合計					3,400

總結

強烈建議投影片上的表格資料就是要【簡單】！

表格的操作還是 Excel 的強項，因此我個人工作習慣仍然是在 Excel 完成表格編輯後，才以【複製 / 貼上】的方式，將表格由 Excel 貼至 PowerPoint 投影片中，貼上常用選項說明如下：

- 第 3 選項：內嵌
  保持儲存格內：資料、格式、公式
  可以重新：編輯、計算、設定格式
- 第 4 選項：圖片
  只能放大、縮小或做圖片特效。

NOTE

6 chapter

統計圖

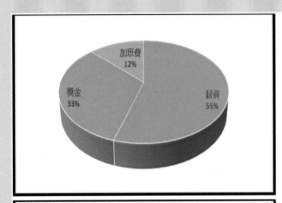

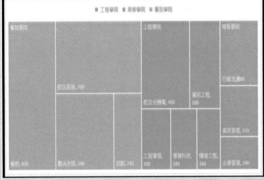

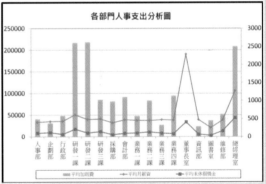

1 張圖勝過 10 張表，一目了然才是簡報的真義！

MS Office 是一套整合性軟體，PowerPoint 的統計圖功能是來自於 Excel，因此在 PowerPoint 建立統計圖時，系統會自動開啟 Excel。

6-1 建立統計圖

© 範例檔案：21- 統計圖

1. 插入→圖表

2. 選擇：統計圖類型
   選擇：圖樣

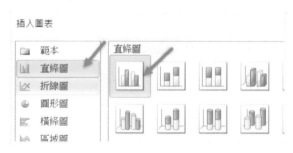

3. 系統以雙視窗顯示
   調整視窗大小、位置：
   左視窗：PowerPoint
   右視窗：Excel

4. 建立資料：
   輸入資料（如右圖）
   刪除第 5 列範例資料
   （資料範圍自動調整）

	A	2017	2018	2019	E
1		2017	2018	2019	
2	TESLA	30,000	60,000	300,000	
3	BENZ	300,000	250,000	200,000	
4	BMW	250,000	220,000	180,000	
5					

5. 插入：統計圖標題

　　圖表工具→版面配置

　　圖表標題→圖表上方

6. 建立標題如右圖：

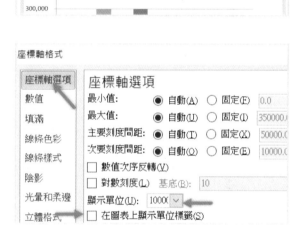

7. 設定座標軸

　　在縱軸數字上連點 2 下

　　座標軸選項：

　　顯示單位：10000

　　取消：在圖表上顯示單位標籤

* 設定結果如右圖：

8. 設定座標軸標題

　　圖標工具→版面配置

　　座標軸標題→主垂直軸標題

　　垂直標題

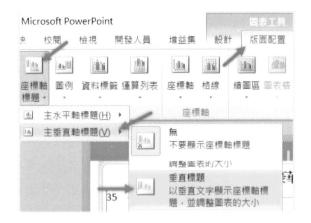

9. 輸入：【單位：萬】

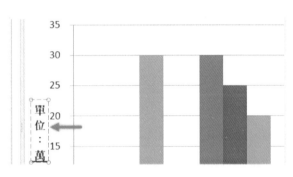

　說明　文件上的統計圖：必須準確、詳實，作為後續業務執行、查核之用。

　簡報上的統計圖：應力求簡潔，用以傳達趨勢、意向。

6-2 長條圖：欄、列對調

統計資料時若【觀點】不同，統計圖的表現是有很大差異的，以下方兩個圖為例，同樣都是統計【近 3 年全球豪華車品牌銷售量分析】，但卻可以有完全不同的【觀點】：

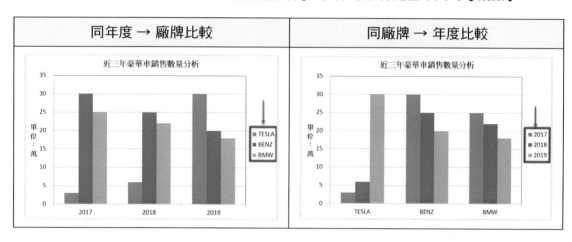

- 當製作統計圖【觀點】不同時，資料不需要重新建立，只要作資料【欄列對調】設定即可：

- 選取：統計圖
  圖表工具→設計
  選取資料
  切換列 / 欄

6-3 長條圖：以圖片堆疊顯示

標準長條圖以顏色來區分類別資料，必須對照【圖例】來能區分資料類別，不是太方便！

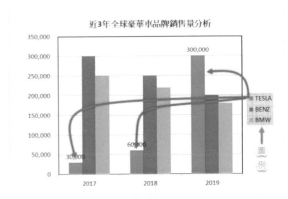

1. 在 TESLA 的任一長條圖上
   連點 2 下
   選取：填滿
   選取：圖片或材質填滿
   資料夾：素材、檔案：tesla
   選取：堆疊
2. 以同步驟設定 BENZ
3. 以同步驟設定 BMW

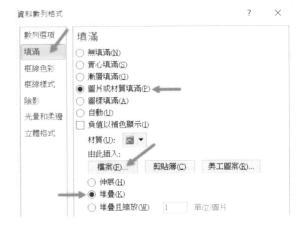

■ 完成結果如右圖：
   不需要圖例做對照說明
   資料更簡潔易懂！

雙軸、多種類統計圖

資料進行比較分析時,若分類資料的數值差異過大,例如差距 10 倍、100 倍,若採用單一數值座標軸,數值較小的分類資料將完全顯示不出差異性,如右圖:

綠色線條已乎成為一直線
各部門加班費呈現無差異

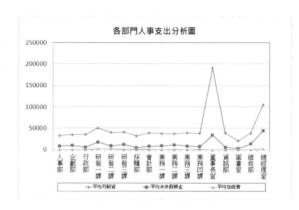

A. 在綠色線上連點 2 下

設定數列選項:

數列資料繪製於:副座標軸上

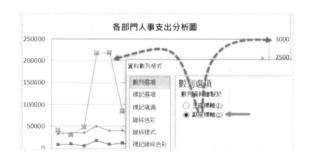

> **說明** 1. 綠色的平均加班費獨立使用右邊的副座標軸。
> 2. 綠色的平均加班費線條變成高低明顯差異。

B. 圖表工具→設計:

變更圖表類型:長條圖

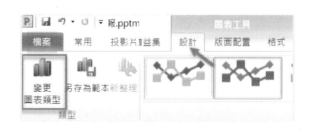

■ 完成結果如下圖：

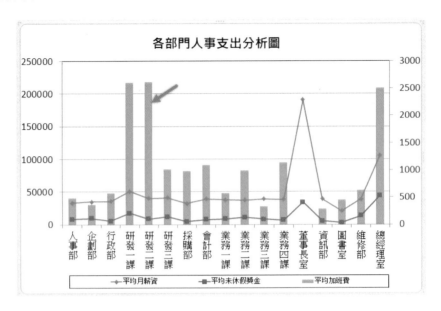

■ 這樣的統計圖才能做確實的差異比較！

6-5 動畫：標準統計圖

統計圖一般用於數據的分析、比較，若能讓資料以動畫先後呈現，更能達到比較效果，請看以下介紹。

ⓒ 範例檔案：**22- 統計圖動畫**

1. 選取物件：統計圖

動畫→擦去

2. 效果選項：

- 依數列，播放效果如下圖：

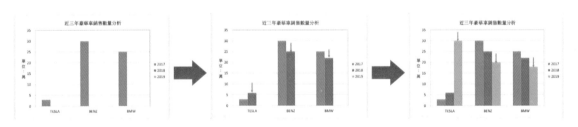

- 依類別，播放效果如下圖：

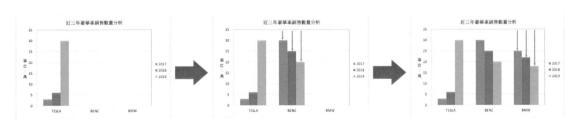

說明 這個統計圖範例我們所要傳達的 2 個概念：

1. TESLA 的年度成長。

2. TESLA 與 BENZ、BMW 的比較。

上面 2 種動畫效果都無法符合我們的需求！

因為統計資料的分類出了問題…

3. 圖表工具→設計

　　編輯資料→切換欄 / 列

說明 選取【編輯資料】之前，【切換欄 / 列】功能是無法使用的。

4.【切換欄 / 列】

　　結果如右圖：

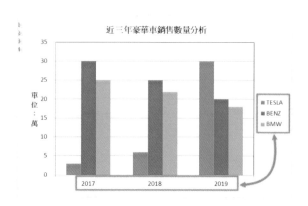

5. 效果選項：

- 依數列，播放效果如下圖：

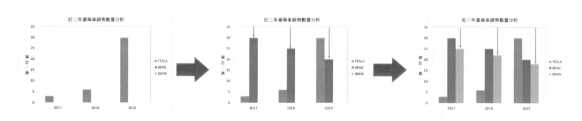

6. 點選：其他顯示效果選項：

播放動畫後：

下次滑鼠動作後隱藏

- 下次點擊滑鼠動作後隱藏，播放效果如下圖：

説明 我們希望的效果是統計圖基本架構保留，TESLA 資料保留，作為對照組的 BENZ、BMW 群組資料播放後消失。

7. 點選：動畫效果 3 下拉鈕

點選：效果選項

播放動畫後：下次滑鼠動作後隱藏

8. 選取：動畫效果 1 (背景)

　按 Delete 鍵

　選取：動畫效果 2 (數列 1)

　按 Delete 鍵

說明 投影片一開始就顯示：統計圖架構 + TESLA 群組資料。

● 下次滑鼠動作後隱藏，播放效果如下圖：

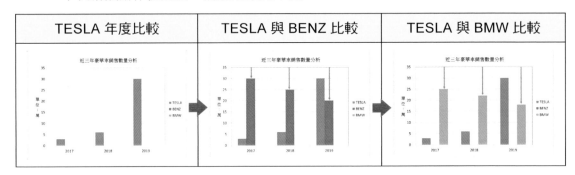

9. 插入【圓框矩形】

　輸入文字

　調整位置

　如右圖：

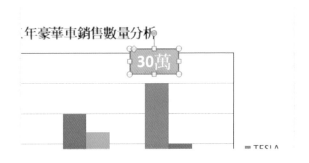

10. 選取物件：【圓框矩形】

動畫→漂浮進入

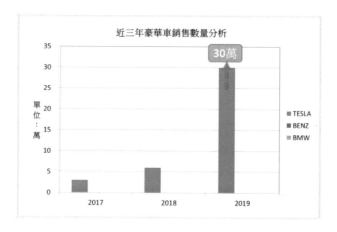

說明 若使用資料標籤功能，統計圖上將會有滿滿的數據，還得動用投影筆來標示，再次強調，簡報上的統計圖是簡潔的。

【30 萬】這個數據是為了強調已達到【量產經濟規模】！因此只以整數顯示。

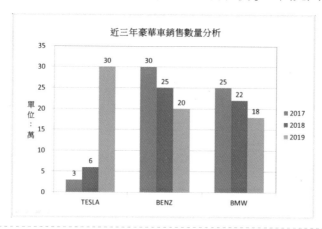

甘特圖

甘特圖的功能是作業流程管制，並不是統計圖，因此 Excel 並不提供此功能，很多人會採用土法煉鋼方式：以長方形圖案一個一個調整長度、位置，若遇到是後需要調整日期，又是一項大工程。

這節我將利用 Excel 堆疊長條圖來模擬甘特圖，就可以達到自動化的效果。

原理解析

- 請仔細比較下方 3 個資料表：

  A 表：原始資料

  B 表：增加黃色欄位【系統起始日期】，並填入日期：1900/01/01

  C 表：變更日期欄位格式：日期→數值

A表　　　　B表　　　　C表

日期與數字的轉換

- C 表中【系統起始日期】的 1900/01/01 全部轉換為數值 1

  →日期 1900/01/01 ＝ 數值 1、日期 1900/01/02 ＝ 數值 2、⋯依此類推

- Excel 系統將日期的 1900/01/01 等同於數值 1

  →往後一天數字就 +1　　　往前一天數字就 -1

- B 表中第 1 個起始日 2020/06/01 就代表 1900/01/01 往後數 43983-1 天

  B 表中最後 1 個結束日 2020/08/31 就代表 1900/01/01 往後數 44074-1 天

實作解析

◎ 範例檔案：**23- 甘特圖**

工作天數欄位

1. 增加 **D** 欄工作天數欄位
2. 在 **D4** 儲存格輸入公式：

   = C4 - B4 +1

   = 結束日 - 起始日 +1

	A	B	C	D
	D4		f_x	=C4-B4+1
3	工作項目	起始日	結束日	工作天數
4	A. 蒐集並彙整資料	2020/06/01	2020/06/15	15
5	B. 調查法規障礙	2020/06/10	2020/06/30	21
6	C. 設計專家訪談問卷	2020/07/01	2020/07/15	15
7	D. 進行專家問卷訪談	2020/07/16	2020/07/25	10
8	E. 分析問卷訪談結果	2020/07/26	2020/07/31	6
9	F. 舉辦研討會	2020/08/05	2020/08/08	4
10	G. 進行服務驗證	2020/08/09	2020/08/20	12
11	H. 撰寫期末報告	2020/08/20	2020/08/31	12

簡化日期格式

本範例資料都是同一個年度內的，因此不需要顯示年度，簡化格式可讓資料呈現更清晰。

1. 選取 **B**、**C** 欄位日期資料
2. 常用→數值→自訂

   類型：mmdd

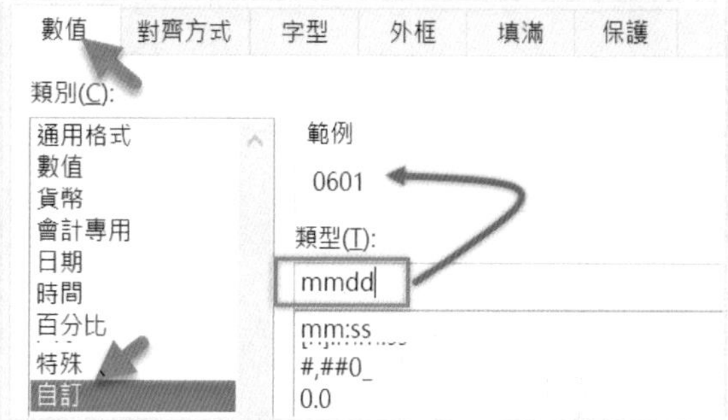

■ 結果如右圖：

	數值	對齊方式	字型	外框	填滿	保護

類別(C)：
通用格式
數值
貨幣
會計專用
日期
時間
百分比
特殊
自訂

範例

0601

類型(T)：

mmdd

mm:ss
#,##0_
0.0

	A	B	C	D
3	工作項目	起始日	結束日	工作天數
4	A. 蒐集並彙整資料	0601	0615	15
5	B. 調查法規障礙	0610	0630	21
6	C. 設計專家訪談問卷	0701	0715	15

建立堆疊長條圖第 1 組數據

請注意！第 1 筆資料中：

0601 是【日期】、15 是【數值】
甘特圖的座標軸必須以日期標示
因此我們先以 B 欄起始日
作為第 1 組數據。

	A	B	C	D
3	工作項目	起始日	結束日	工作天數
4	A. 蒐集並彙整資料	0601	0615	15
5	B. 調查法規障礙	0610	0630	21
6	C. 設計專家訪談問卷	0701	0715	15
7	D. 進行專家問卷訪談	0716	0725	10
8	E. 分析問卷訪談結果	0726	0731	6
9	F. 舉辦研討會	0805	0808	4
10	G. 進行服務驗證	0809	0820	12
11	H. 撰寫期末報告	0820	0831	12

1. 選取範圍：B4:B11

2. 插入→長條圖→堆疊橫條圖，結果如右下圖：

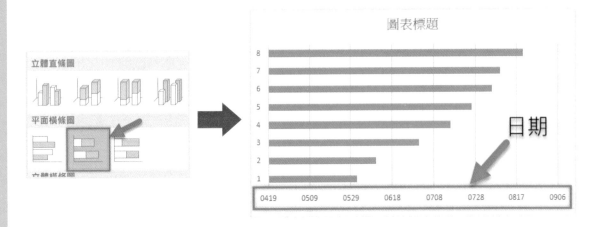

> **說明** 長條圖下方標示的 0419 表示 2020/04/19，這是系統自訂座標軸最大最小刻度的結果，後續我們會再進行調整。

加入第 2 組數據、工作項目

所謂堆疊圖，最起碼要有 2 組以上數據才能稱為堆疊，因此我們必須加入第 2 組數據。

1. 圖表工具→格式→選取資料

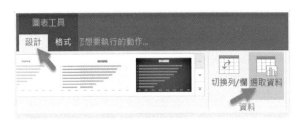

2. 圖例項目：
   點選：新增鈕

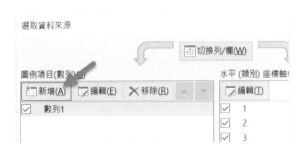

3. 數列值：

拖曳選取範圍：D4:D11

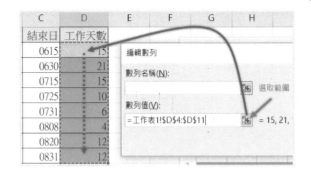

4. 水平 (類別)：

點選：編輯鈕

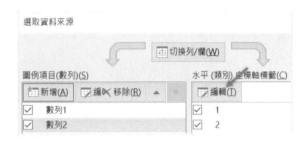

5. 坐標軸標籤範圍：

拖曳選取範圍：A4:A11

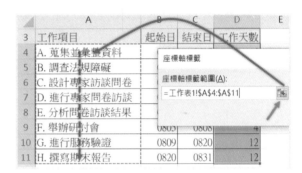

- 橘紅色橫條：第 2 組數據

- 圖形左側：工作項目

- 圖形下方的日期刻度系統又自動調整了。

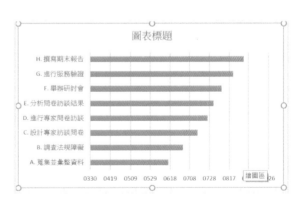

設定圖形細項

1. 在圖形左側工作項目上按右鍵
   選取：坐標軸格式
   選取：類別次序反轉

- 工作項目排列調整：
  由上而下：Z~A → A~Z
- 圖形日期刻度位置調整：
  圖形下方→圖形上方

2. 在藍色橫條上按右鍵
   選取：資料數列格式
   選取：填滿→無填滿

- 藍色線條消失
  只剩下工作天數的橘色橫條

> **說明** 請注意！上圖項目 A 橘色橫條：起始點 0601、長度 15。
> 再來只要調整座標軸刻度：最小值→項目 A 的起始日、最大值→項目 H 結束日。

調整座標軸刻度

1. 在 B1 輸入：＝B4

在 C1 輸入：＝C11

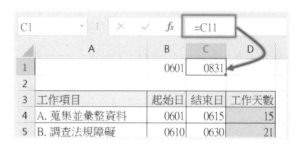

> **說明** B1：整個活動的起始日→座標軸最小值
>
> C1：整個活動的結束日→座標軸最大值

2. 選取範圍：B1:C1

常用→數值→數值、小數 0 位

3. 在圖形上方日期刻度上按右鍵

選取：座標軸格式

輸入範圍：

最小值：43983 (B1 儲存格數值)

最大值：44074 (C1 儲存格數值)

4. 將甘特圖拉寬，結果如下圖：

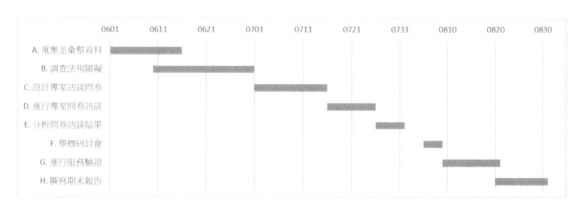

> **說明** 系統自動設定的刻度間距為 10 天，我們一般使用的慣例為週進度表，因此改為 7 天較為合適。

5. 在圖形上方日期刻度上按右鍵

選取：座標軸格式

輸入單位：

主要：7

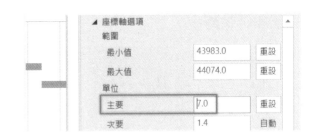

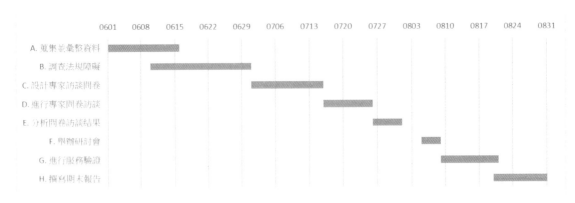

播放投影片

投影片內容編輯完成後，最後要搭配簡報主講人，進行有規則的播放：

A. 那些投影片要播放？（一套投影片多種聽眾）

B. 投影片播放的順序？

C. 投影片之間的連結

D. 投影片內各個物件顯示的順序、效果、時間間隔

E. 上、下張投影片切換效果

F. 主講人簡報練習

7-1 轉場

轉場是最廉價的動畫效果，投影片播放時，每一張投影片可選擇出場的效果，也就是投影片本身也可以有動畫效果，PowerPoint 提供以下效果：

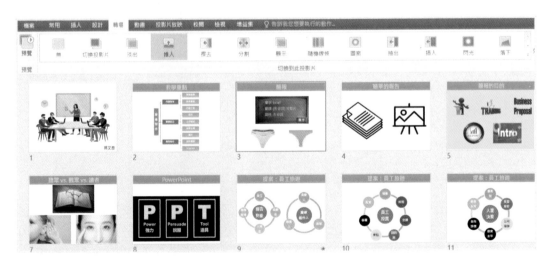

設定效果說明

■ 設定轉場效果前，建議先切換至：投影片瀏覽模式

如此方便連續設定每一張投影片

■ 轉場設定：效果選項

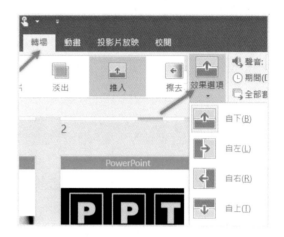

■ 轉場設定：預存時間：

■ 聲音：出場的音效

■ 期間：出場的時間長度

■ 投影片換頁：

　　預設：滑鼠按下時

　　若是無人簡報，可設定自動播放投影片的間距時間

　　例如：10 秒，每張投影片間隔 10 秒自動播放

■ 全部套用：

　　若是無人簡報，整套投影片採取一致的轉場效果，便只要設定一張投影片後，按下
　　此鈕，將效果套用至每一張投影片。

■ 下方圖片標示的就是每一張投影片的轉場效果設定：

　　*：表示有設定轉場效果，00:10：表示投影片播放時間 10 秒

7-2 動畫

PowerPoint 提供非常豐富、細膩的動畫效果，前面 SmartArt、統計圖單元中，我們已經做了初步的介紹，這個單元我們將會做一個完整的介紹。

動畫窗格

■ 動畫→動畫窗格

一張投影片中有多個物件，每一個物件可以擁有多個動畫效果，每一個動畫效果可以有不同的設定，動畫效果之間可以相關聯，這一切都靠動畫窗格來管理、設定。

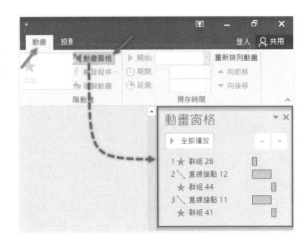

Ⓒ 範例檔案：24- 自訂動畫

以下我們將以實作範例來解說動畫窗格的操作：

■ 右圖是投影片實際內容
■ 希望產生動畫效果
  1. 標示：【供給 / 需求】平衡點
  2. 需求線：向上移動
     標示：【供給 / 需求】平衡點
  3. 供給線：向右移動
     標示：【供給 / 需求】平衡點

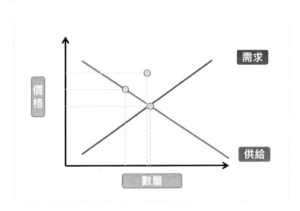

■ 投影片內容製作步驟：

A. 起始投影片內容	B. 繪製 2 條平移虛線	C. 繪製第 1 個平衡點
D. 繪製第 2 個平衡點	E. 繪製第 3 個平衡點	F. 刪除 2 條平移虛線

■ 投影片動畫設定步驟：

A. 第 1 個平衡點：淡出

B. 藍色實線：

移動路徑→線條

選項：向下→向上

將動畫設定產生的上方線往下拖
曳至第 3 個平衡點 (按住 Shift 鍵)

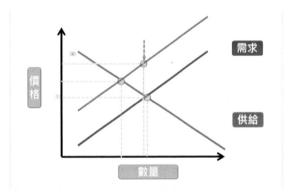

C. 第 2 個平衡點：淡出

D. 紅色實線：

移動路徑→線條

選項：向右

將動畫設定產生的右方線往左拖
曳至第 3 個平衡點 (按住 Shift 鍵)

E. 第 3 個平衡點：淡出

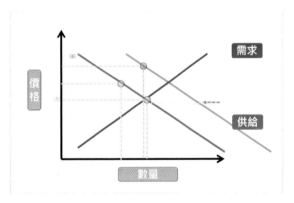

■ 投影片動畫效果修正：

預設動畫效果是以【按滑鼠左鍵】或【按向下鍵】啟動，我們希望：

步驟 B 完成移動後，步驟 C 接著自動啟動

步驟 D 完成移動後，步驟 E 接著自動啟動

在動畫效果 3 上按右鍵

選取：接續前動畫

在動畫效果 5 上按右鍵

選取：接續前動畫

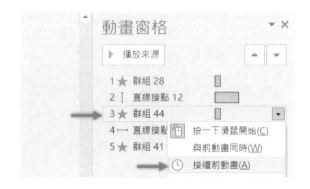

說明 請注意動畫窗格中內容的變化：

A. 原編號 3 動畫變成編號 2 動畫的附屬

B. 原編號 5 動畫變成編號 3 動畫的附屬

項目右邊的長條代表的是播放的時間長度與順序。

我們希望：

藍色線向上移動的同時，第 1 個平衡點消失

紅色線向右移動的同時，第 2 個平衡點消失

在第 1 個平衡點動畫上按右鍵

選取：效果選項

播放動畫後：下次按滑鼠動作後隱藏

為第 2 個平衡點設定相同效果

■ 投影片播放效果如下：

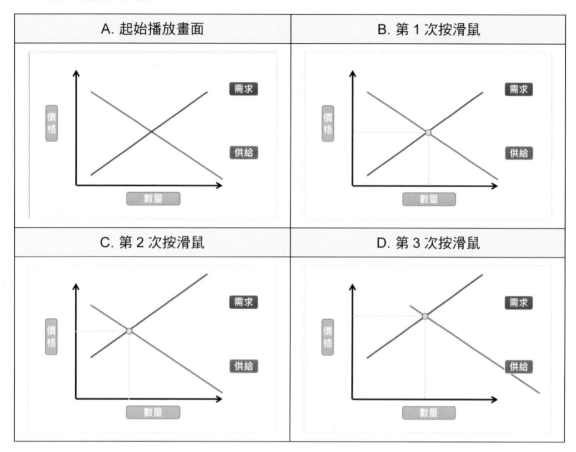

自主練習範例：

請自行完成上一節範例檔案中，第 2 張投影片的動畫效果，若有疑問可參考影音教學。

7-3 投影片放映

PowerPoint 提供非常豐富的功能，讓簡報的放映變得更多元化：

簡報的種類

ⓒ 範例檔案：25- 放映設定

■ 投影片放映→設定投影片放映

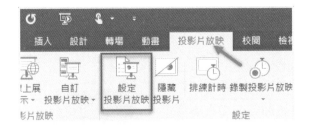

■ 設定畫面下圖：

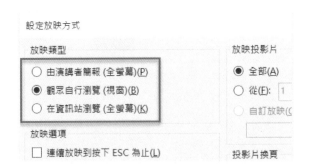

A. 由演講者簡報：

由演講者掌握簡報的內容、節奏、進度，放映過程中一定是全螢幕。

B. 觀眾自行瀏覽：

是一個無人自動簡報，放映時只占用一個視窗，並非全螢幕，可以搭配【放映時間】及【使用預設放映時間】，作為自動放映，觀眾也可自行以按鍵往前或往後播放。

C. 在資訊站瀏覽：

在某些場館或售票亭中，提供特殊播放機器，此選項就是提供這類機器使用。

自動播放

由於電腦軟硬體發展快速，許多導覽工作也都利用電腦完成，以降低人力需求，甚至進一步提升服務品質，對於固定流程導覽作業或是固定訊息的說明作業而言，PowerPoint 是一個相當理想的工具，上一小節【簡報種類】的 B、C 項目就是屬於自動播放簡報。

既然是自動的，就必須事先安排一些播放的規則：

安排播放內容、順序

A. 調整投影片播放順序最佳的環境就是：【投影片瀏覽】模式，可以一次性瀏覽前後投影片，以拖曳投影片來改變播放順序。

下圖中：拖曳第 2 張投影至第 3 張投影片後方

B. 另一個就是【隱藏投影片】，聽眾不同、簡報時間長短不同，某些投影片就會選擇不播放，也是說，編輯投影片時可以是多方面考量，面對不同聽眾時，挑選適合的投影片，不適合的隱藏即可。

下圖中：第 4 張投影片，紅色外框、數字 4 上多了斜線

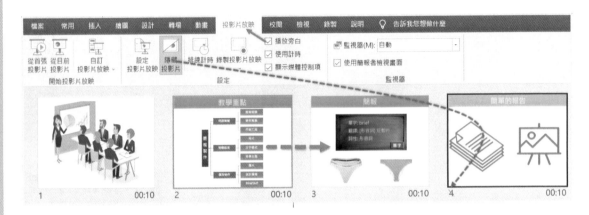

自訂投影片放映

一套投影片可以針對不同對象播放，PPT 提供【自訂投影片放映】的一綱多本功能，舉例如下：

■ 投影片共有 4 張，每張投影片都被設定為 10 秒鐘自動換頁，如下圖：

■ 若有 2 種不同的情境：

　　觀眾群 A：播放投影片 1 → 2 → 3

　　觀眾群 B：播放投影片 1 → 3 → 4

1. 投影片放映→自訂投影片放映

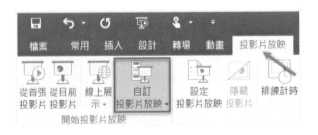

2. 輸入投影片放映名稱：自訂放映 -A，勾選：第 1、2、3 投影片，如下圖：

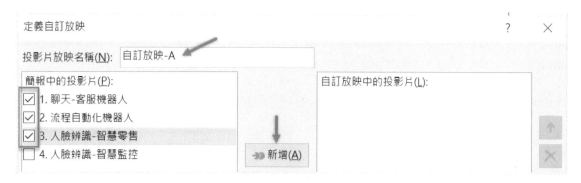

3. 點選：新增鈕，對話方塊右側出現自訂放映投影片：1、2、3

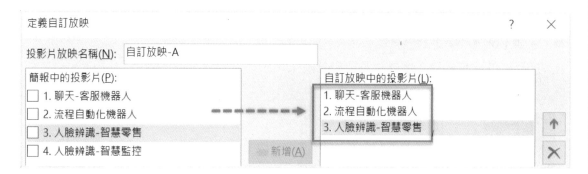

4. 重複步驟 1、2、3，建立自訂放映 -B：指定投影片：1、3、4

- 若要使用已建立的自訂播放

    請參考下圖：

    直接選取即可

排練

諺語：「台上 3 分鐘，台下 10 年功」，演講者、簡報者一站上講台就如同表演者一般，專業→流暢→打動人心，是需要不斷練習的。

PowerPoint 提供 2 個排練工具：

排練計時

■ 投影片放映→排練計時

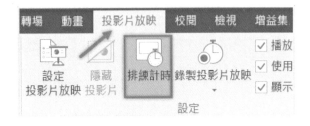

■ 啟動【排練計時】功能後：

投影片以全螢幕模式播放，並在螢幕左上角出現計時器，如下圖：

計時器上 3 個按鈕功能說明：

A. 下一步：就如同按向下鍵，可以是下一個動畫或下一張投影片。

B. 暫停：

　　按一下→暫停計時、錄音

　　再按一次→繼續計時、錄音

C. 重複：清除目前投影片的排演內容（計時、聲音、畫筆），重新歸零。

- 我們以紅色畫筆進行簡報演練

- 演練結束時

  點選：錄製視窗→結束鈕

出現：…是否保留筆跡？	出現：…是否儲存投影片時間？

- 在投影片瀏覽模式下，可以看到：筆跡、時間，如下圖：

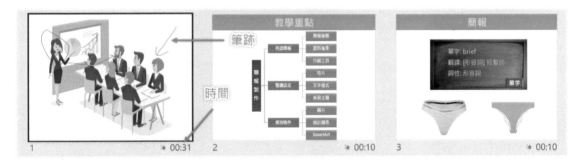

> **說明** 每一次重新排練就會清除上一次的：筆跡、時間。

正式簡報前是必須清除筆跡的，否則在簡報播放時就會出現筆跡圖。

刪除筆跡、取消預存時間

1. 切換至標準模式下
2. 選取：筆跡
3. 按下：Delete 鍵
   即可刪除筆跡

> **說明** 筆跡在投影片上就是一張圖片，直接刪除即可，取消預存時間留待下一節介紹。

錄製影片放映

這是高級版的【排練計時】，執行此功能時，同樣出現【錄製】操作視窗。

但它錄製的東西還包括：聲音、筆跡動畫、螢光筆、動畫、…，也就是投影片播放過程中所有在：螢幕上、喇叭、麥克風所產生的效果，這些效果在 PPT 上稱為【旁白】。

除了缺少與觀眾的臨場互動外，有了旁白就如同講者真人演講，因此配上【旁白 + 預存時間】的投影片就可以進行自動簡報。

■ 錄製投影片放映區分為：
   1. 從頭開始錄製
   2. 從目前投影片開始錄製

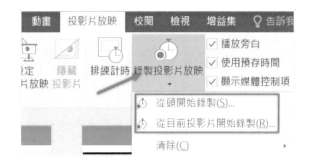

> **說明** 長時間的演說在過程中容易吃螺絲，因此僅有非常少數的人可以一氣呵成完成投影片放映錄製，筆者強烈建議：以單張投影片為練習區間。

■ 執行投影片錄製放映後
首先出現內容選項
如右圖：

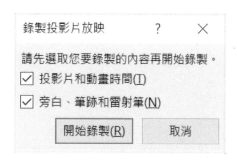

■ 完成第一張投影片演練後
點選：錄製視窗→結束鈕

■ 切換到瀏覽模式，第一張投影片上出現以下 4 個內容：

A. 筆跡：但這個筆跡在播放時是以動畫呈現。

B. 預存時間

C. 練習過程中麥克風所錄下的聲音檔

D. 動畫效果

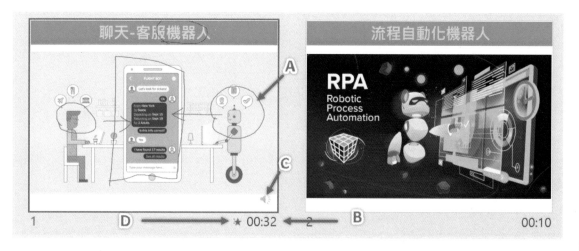

■ 簡報時機：
自動簡報：選取如右圖選項
講者簡報：取消如右圖選項

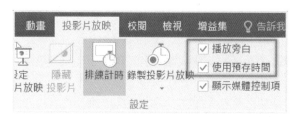

■ 清除：預存時間、旁白，如下圖功能表：

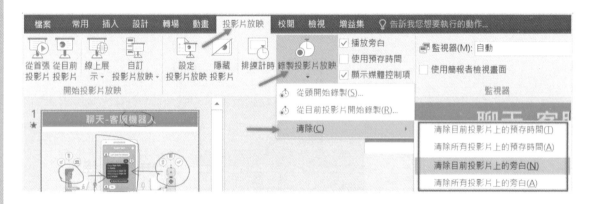

簡報工具

簡報過程中會需要一些工具，讓整個簡報過程進行更為順利。

■ 在投影片放映模式下
將滑鼠移動至螢幕左下角
出現如右圖簡報畫筆工具：

第 1 個功能鈕：前一頁

建議直接使用向上鍵↑或←向左鍵

第 2 個功能鈕：下一頁

建議直接使用向下鍵↓或→向右鍵

第 3 個功能鈕：畫筆

使用畫筆在投影片上作註解，是常用的一種簡報巧，尤其是聽眾需要進一步解釋，或聽眾提出問題時，使用畫筆在投影片上：圈選重點資料、加上箭號指引、數字演算、…，使用方法就如同老師寫黑板一樣！

系統提供 5 個主要功能，介紹如下：

- 雷射筆：讓筆頭的形狀變大，抓住觀眾眼睛，但移動時不會真產生筆跡。

- 畫筆：就如同在黑板上使用粉筆一樣的效果。

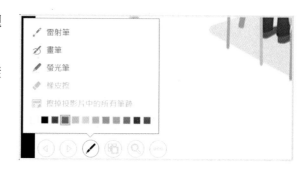

- 螢光筆：效果就像是學生在書本上畫重點。

- 橡皮擦：擦掉畫筆、螢光筆所產生的筆跡。

- 擦掉…：建議使用快捷鍵：E

- 色板：畫筆可挑擇不同顏色。

第 4 個功能鈕：挑選投影片

簡報過程中，主講人若與觀眾產生互動，或臨時需要補充說明，可以在不結束投影片放映模式下，暫時跳回投影片瀏覽模式，挑選適當投影片後，回到投影片播放畫面，以挑選的投影片進行補充說明。

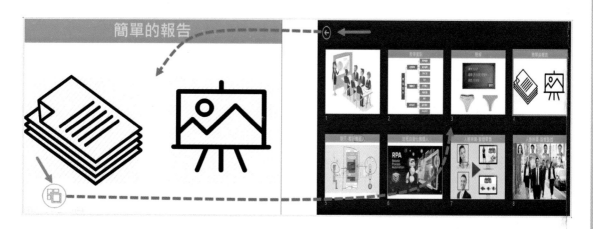

第 5 個功能鈕：局部放大功能

投影片中若有明細資料、表格，在投影片中字體太小，觀眾無法清楚辨識的情況下，使用放大鏡功能可局部放大顯示，左下圖白色區域就是預備被放大的區域，按下滑鼠後，白色區域被放大如右下圖：

第 6 個功能鈕：雜項功能

內容繁雜，挑選以下幾個常用項目加以說明：

■ 顯示簡報者檢視畫面：

在實際以投影機進行簡報時，觀眾看到的是大型投影幕，主講人可以可在自己的電腦上動手腳：顯示下一張投影片、顯示備忘稿，如下圖所示：

> **說明** 若要恢復單一視窗，在上圖中任意處按右鍵，選取：隱藏簡報者檢視畫面。

■ 螢幕：

這是一個很棒的功能，由現行的投影片脫離出來，提供白板或黑板，讓主講人在上面畫圖、演算、…。

- 建議直接以快捷鍵操作：

  B（Black）：黑板

  W（White）：白板

- 右圖就是以：白板 + 紅筆作解說

> **說明** 要脫離以上所有功能回到上一層，會回到簡報中投影片，只要按 Esc 鍵即可。

NOTE

附錄

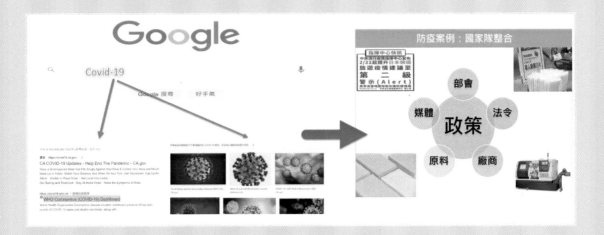

簡報製作的 3 個要素：軟體操作、內容整合、內容表現，多數人將精力花在軟體操作，這是本末倒置。筆者再次強調：簡報的主角是演講者，邏輯清晰、內容簡潔才是簡報的根本，因此本章節特別提供內容整合的練習。

A-1 檔案匯出

PPT 文件完成後，若要將資料分享給聽眾或其他人，PPT 系統提供多元方案。

■ 檔案→匯出

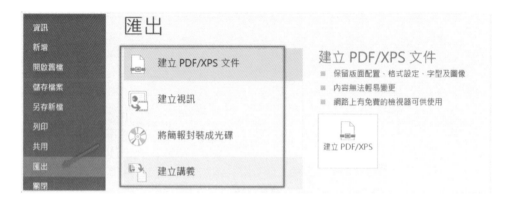

建立 PDF/XPS 文件

將 PPT 投影片轉換為圖片，以一張圖一頁的方式，轉換為 PDF 文件或 XPS 文件，轉檔後的 PDF 檔案結果如下圖：

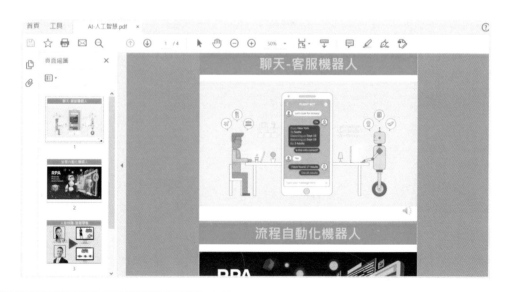

說明 PDF：一種獨立於應用程式、硬體、操作系統的文件的檔案格式。

XPS：微軟公司開發的一種文件儲存與檢視的規範。

應用軟體所產生的文件容易受環境影響（例如：作業系統、軟體版本、個人軟體設定），以 Word 文件為例，在自己電腦上完成的格式設定，檔案傳給同事後，格式跑掉了，若將 Word 文件轉換為 PDF 文件，無論在任何環境下，格式都是固定的，因此目前全球文件分享多半採用 PDF 格式。

建立視訊

現在的年輕的閱聽眾較多傾向於接受影音媒體，在網路影音平台上也成為新世代的文創園地，因此若 **PPT** 文件具備【自動播放】的內容、設定，將 **PPT** 文件轉檔為視訊檔，將會是一個傳播資訊的最佳解決方案。

■ 經過以下對話方塊 3 個設定值，並按下【建立視訊】鈕就可完成轉檔作業：

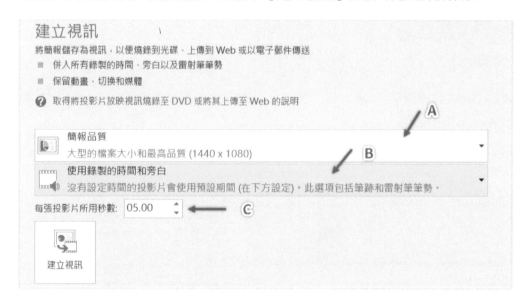

A. 簡報品質：建議使用預設值即可。

B. 使用錄製的時間和旁白：共有 4 個選項，如下圖：

- 其實就只有第 2 選項：使用錄製時間和旁白，是有意義的。

  第 1 選項：不使用錄製的時間與旁白就如同無味的陽春麵。

  第 3、第 4 應該在 PPT 文件編輯時完成。

C. 若 B 項目選擇了第 1 選項，就必須設定每一投影片的播放時間。

將簡報封裝為光碟

目前網路傳輸速度極快，雲端硬碟容量極大的環境下，多數電腦的標準配備已不再提供 CD（光碟機），直接將簡報文件資料夾直接複製到網路硬碟即可，分享時更只要提供網路連結即可。

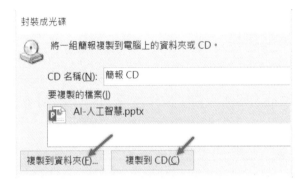

建立講義

將講義內容包括：投影片、備忘稿，將這 2 個部分重新編輯，就可成為一分文整的會後參考文件，結果如下圖：

投影片 1

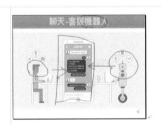

為了提升客戶金融服務體驗及因應純網銀發展的競爭趨勢，在公股銀行中首家推出可全程以「說」的方式與客戶互動的「說的好·機器人客服」，本次「說的好·機器人客服」再次發揮金融科技的數位實力，於智能語音的運用上有更進一步的創新，除採用最新一代落地智能引擎(Google Bert詞向量演算最新技術)，具備深度學習能力，使語意精準提高外，並領先同業將智能客服擴充至Facebook、LINE、Google·Assistant·語音助理及智慧音箱等數位管道，讓「隨聲客服」的金融服務深入客戶生活圈。

A-2 圖片搜尋

網路資源如浩瀚大海：取之不盡、用之不竭，但必須有方法、勤練習。

筆者慣用的資料搜尋器是 Google，輸入關鍵字後就會產生大量的資料，關鍵字的選擇就成為搜尋結果是否符合需求的重要關鍵。

關鍵字使用原則

- 原則 1：使用英文

  因為【全球】資訊遠大於【華文】資訊，華文資訊也都提供英文搜尋關聯。

  > 說明 英文不強的使用者可利用 Google 將中文關鍵字轉換為英文關鍵字。

- 原則 2：修正關鍵字

  第 1 次搜尋結果可能不如人意，但卻可讓你聯想出第 2 次搜尋關鍵字。

圖片搜尋練習

以下我們將以凡人歌的歌詞作為練習，為每一句歌詞找出對應的圖片。

- 在 Google 搜尋器中輸入：凡人歌歌詞

  選取：全部，搜尋結果如下圖

■ 以上 8 句歌詞是筆者圖片搜尋關鍵字練習結果：

你我皆凡人 生在人世間 → people	終日奔波苦 一刻不得閒 → Work hard
既然不是仙 難免有雜念 → worry	道義放兩旁 利字擺中間 →貪婪→ Greedy
多少男子漢 一怒為紅顏 → fight for girl	多少同林鳥 已成分飛燕 → bird fly separated
人生何其短 何必苦苦戀 → love hard	愛人不見了 向誰去喊冤 → lover leave

文字圖片化練習

早期人們表達自己的想法，最直接的方法就是貼【大字報】，大的標題加上文字敘述，有了電腦、有了 PPT 之後，多數人並沒有改掉大字報的習慣，將投影片當成海報紙，仍然離不開以文字為主體，請看以下比較：

大字報	投影片

大字報沒有主講人，是由讀者自行閱讀，因此必須有大標題吸引讀者的注意，然後再以詳細文字介紹理念，但演講簡報是有主講人的，主講人站在講台上，將文稿內容一字一句向聽講者朗誦，這就是不倫不類，難到台下的聽眾不識字或有眼疾嗎？否則他們自己看稿就好，何須擺一個讀稿人。

演講的主角是演講人，投影片是輔助道具，用以提醒主講人、聽眾目前演說的主題、要點，需要詳細的敘述是演講人在腦中的台詞，以聲音、表情、肢體動作演繹出來，如果聽眾們將注意力集中在投影片，演講人不就淪為讀稿機的角色。

以下是筆者建議的投影片內容製作步驟：

A. 產生大字報：標題 ＋ 敘述文字

B. 將敘述文字條列化

C. 將條列文字圖形化

以下是 10 個練習範例：

何謂經濟學

如果：「我有萬貫家財，我就去環遊世界、享用天下美食、…」，這一切都建立在「如果」必須成立…！對於絕大多數的：個人、企業、組織、國家來說，永遠是想要的很多，能夠實現的很少。

經濟學開宗明義：「經濟學就是用來解決：資源有限、慾望無窮的問題」！

生活科學	小王月收入 30,000，交通、餐飲、育樂、儲蓄、…，各項開支如何調配才能讓自己獲得大快樂呢？
企業決策	天才企業可動用資金 1,000 萬，投資、研發、建立通路、人才培訓、…，各項企劃案的重要性，如何抉擇？既可維持短期經營績效，又可兼顧長期策略發展？
國家發展	國家預算編列、稅率的訂定、培植重點產業、教育預算、穩定物價、…，這一切政策都是取決於政府團隊的經濟決策！

文字條列

經濟學：資源有限 vs. 慾望無窮
- → 家庭開支
- → 企業投資
- → 國家預算

影響水果攤生意的因素？

市場包含以下幾個要素：買家、賣家、商品、交易場所、交易時間，哪些因素會影響交易呢？如何影響？
1. 風調雨順水果豐收，市場上供過於求。
2. 連續 3 天豪大雨，水果供應失調。
3. 政府發布農藥殘留檢驗報告，多數水果不合格，會致癌。
4. 水果外銷，檢驗不合格被退回。
5. 專家發布研究報告，多吃水果可以預防癌症。
6. 政府宣布軍公教調薪 10%。
7. 政府開放國外水果進口。
8. 貫穿全國的交通動脈被洪水淹沒，需 3 個月才能復原。
9. 農藥價格大漲。
10.…

文字條列

1. 供過於求
2. 供給不足
3. 農藥致癌報導
4. 水果外銷被退回
5. 吃水果預防癌症研究報告
6. 軍公教調薪 10%
7. 開放國外水果進口
8. 全國交通中斷
9. 農藥價格大漲

豐收經濟學

從小讀書，課文中都會寫：「風調雨順，國泰民安」，在古時候物資缺乏年代，這種說法是成立的，但進入自動化生產時代，風調雨順就會造成：「生產過剩，價格崩跌」。

台灣每年到了夏天水果盛產的時節，去年價格好的水果就會被農民搶種，導致今年生產過剩、大馬路兩側到處是水果攤。價格崩壞的結果，農民成了最大的受害者。

農民該種什麼水果呢？當然是選擇「價格高的，會賺錢的」，因此根據去年經驗去搶種熱門水果，但人人搶種的結果，勢必：供給過剩→價格崩跌，農民只看到眼前的利益，但農會組織呢？政府部門呢？

成立農產連銷公司，整體規劃農業生產計劃、銷售配套措施，維持農產品在市場上的供需平衡，一旦供需失調，立即啟動農產品收購及農產品加工應變措施，維持市場價格穩定保護農民生計。

文字條列

風調雨順：生產過剩→價格崩跌
人人搶種：供給過剩→價格崩跌
解決方案：
- → 農業生產計劃
- → 銷售配套措施
- → 農產品加工

農會的角色？　　政府的角色？

颱風經濟學

颱風季節到了，農民當然是最大的受災戶，這句話只說對了一半。颱風從南部經過，南部產生嚴重的農損，市場供給嚴重短缺，北部未被颱風波及，北部生產的農產品因此可以賣到好價格，所以有人賺到錢了！可能是農民，更可能是農產批發商！同樣的道理，颱風吹垮了房屋、招牌，洪水沖垮了道路、橋樑，民眾受損了，營建商、建材批發商、裝潢公司、…卻大發利市，工程接不完！

對國家來說，颱風、洪水也不見得是壞事，疲弱的經濟可以因為災後重建工程的啟動注入新的活力，政府花錢→企業賺錢→企業投資→就業增加→員工賺錢→員工花錢→企業成長→政府稅收增加→加強公共建設，如此形成一個良性循環，政府治國的觀念應跳脫一般百姓「勤儉持家」的概念！

文字條列

受災產業：農業、旅遊業、…
受益產業：營建商、建材批發商、…
災後重建經濟良性循環：
政府花錢→企業賺錢→企業投資→就業增加→員工賺錢→員工花錢→企業成長→政府稅收增加→加強公共建設

受害產業？　　獲利產業？

商品的替代性

颱風來了，葉菜類蔬菜供給減少 → 價格飆漲，勤儉持家的婆婆媽媽們就會改買根莖類蔬菜，因為較便宜；但颱風如果造成巨大災害，連根莖類農產品都受損嚴重，大家只好採購罐頭食品，雖然東西不一樣，品質有差別，但在特殊時期，消費者是可以忍受的，這樣消費行為的改變我們稱為：「產品有替代性」。

葉菜類蔬菜換成根莖類蔬菜，消費者接受度較高，我們稱為「產品替代性高」，但另一種情況是：「蔬菜變貴了，改吃肉」，改得過去嗎？兩者的可能替代性就低多了！

市場上替代性產品多、替代性也高時，產品不容易調漲價格，甚至會因為替代品價格調低後，連帶拉低商品價格：

案例一	台灣產生豬瘟，消費者立刻改吃牛肉、羊肉，或者由國外進口冷凍豬肉取代國內溫體豬肉。
案例二	西瓜盛產 → 價格崩跌，連帶香瓜、哈蜜瓜價格也跟著受影響。

文字條列

颱風→葉菜類價格高漲→改吃根莖類蔬菜
豬蹄疫→豬肉價格高漲→改吃牛、雞、羊肉

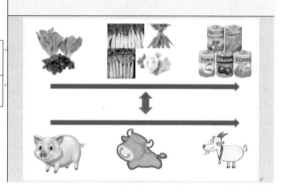

規模經濟

研發一部新型轎車、研發一款新材質運動鞋、研發一款新藥、甚或建立餐點外送通路，可能都得花上數年、數十億資金，這樣的事業都是資金密集的產業，尚未有收入就必須先投入龐大資金，因此銷售量若無法達到一定的規模，就必然注定失敗，這樣的行業擁有極高的毛利率，但卻也是失敗率極高的產業，因為成敗的關鍵在於經濟規模。

研發一款新藥假設耗費 10 年、+1 億美金，若只賣一顆藥，這一顆藥的研發成本就是 1 億美金，若銷售量達到 1 億顆，那每一顆藥所分攤的研發成本就只有 1 美元，只有讓銷售量超過經濟規模，產品價格才能降低到消費者可以接受的程度。

大眾媒體廣告價格都非常昂貴，例如：電視廣告、報紙廣告、…，據說世界盃足球賽，每 10 秒廣告費都是以數百萬美元計價，一般企業絕對無力負擔，但對於上述的資本密集企業而言，相對於研發經費的投入，數千萬廣告費也只是九牛之一毛。

文字條列

● 研發費用：汽車、製藥產業
● 規模經濟：攤銷研發費用
● 廣告行銷：擴大市場規模

這些產業為何都砸大錢做廣告？

景氣好	文字條列
「景氣」這個名詞通常用來描述一個產業、一個國家、甚至全球的經濟活動狀況，景氣好就是很多人賺到錢，具體情況如下： 廠商賺到錢 → 增加投資 → 擴大營業 → 增聘員工 → 人力需求增加 → 薪資上漲 → 消費增加 → 廠商賺到錢！ 這樣就會形成經濟的良性循環！ 不過！薪資上漲 → 物價上漲 → 房地產價格上漲，當生活費用上漲速度超過薪資成長速度時，惡夢就開始了！	經濟的良性循環： 廠商賺到錢 → 增加投資 → 擴大營業 → 增聘員工 → 人力需求增加 → 薪資上漲 → 消費增加 → 廠商賺到錢 

景氣差	文字條列
物價上漲 → 生活壓力大 → 消費者不敢花錢 → 市場萎縮 → 廠商賠錢 → 廠商縮減投資 → 人力需求下降 → 裁員減薪！ 這就是所謂的不景氣，經濟的惡性循環！ 不過事情都不是一面倒的發展，所謂「否極泰來」就是說厄運的極致就是好運的開始！ 當市場陷入不景氣循環後，一切都變便宜了，人工便宜了、土地便宜了，物價便宜了，競爭對手都倒閉了，市場價格不再崩跌，僅存的廠商就又到了投資的最佳時機！	經濟的惡性循環： 物價上漲 → 生活壓力大 → 消費者不敢花錢 → 市場萎縮 → 廠商賠錢 → 廠商縮減投資 → 人力需求下降 → 裁員減薪 

<table>
<tr><td colspan="2">

景氣 vs. 消費

</td><td colspan="2">

文字條列

</td></tr>
</table>

景氣 vs. 消費

景氣是一種循環，就像四季：春 → 夏 → 秋 → 冬，節氣變化時身體較弱的人容易生病，人們也使用各種工具來調適氣候的變化：衣服、空調！

但景氣變化時，企業、政府如何因應呢？舉例如下：

政府	景氣差時，擴大公共建設,大把撒錢到民間 → 活絡景氣，即使是政府沒錢都得舉債救市，唯有經濟活絡了，才能脫離惡性循環。 國際貨幣組織對於歐豬5國的紓困方案，要求債務國縮減政府支出，公務員減薪，結果是越救越死！
企業	亞洲企業經營理念一般都錯誤使用「團隊」的概念，將經營「家」的概念帶入企業經營，因此遇到景氣不好時便要員工共體時艱 → 減薪、不裁員，表面上是照顧員工，實際上卻是在企業內鼓吹「劣幣驅逐良幣」。因為人力市場是開放、公開的，有能力的人被減薪了，勢必會去找更好的工作，只有沒能力的人被迫繼續留在公司內，日子一久公司人才就被掏空了！

文字條列

景氣循環：春 → 夏 → 秋 → 冬
- → 政府因應策略
- → 企業因應策略

<table>
<tr><td colspan="2">

政府保護

</td><td colspan="2">

文字條列

</td></tr>
</table>

政府保護

傳統教育在國際貿易的議題中，始終維持「愚民」政策，基於保護民族工業，因此鼓勵國內商品出口、卻阻擋海外商品進口，所用的工具不外乎以下幾項：
A. 進口關稅□B. 出口退稅□C. 政府補貼□D. 法律禁止
國家窮的時候企業根基薄弱，需要國家保護，但保護必須有一定的期限，民族工業必須能自己站起來，否則就會成為被溺愛的「媽寶」！
民主國家是以「民」為主，一切施政應以「百姓利益」為優先，但上面4種做法卻明顯是劫貧濟富，以百姓納稅補貼財團，國內生產高級物資全部輸出海外賺取外匯，供外國人享用，國內百姓只能使用次級品，這完全是窮國的邏輯思維，墮落的廠商就以騙取政府補貼為主業！
回頭檢視一下，台灣的越光米、蘭花產業、古坑咖啡，不就是加入WTO脫離政府保護傘後的農業升級嗎？政府要做是提供機會，而不是豢養產業！

文字條列

保護產業方法：
A. 進口關稅□B. 出口退稅□C. 政府補貼□D. 法律禁止

民主：施政應以「百姓利益」為優先

政府保護 vs. 產業升級

輕鬆搞定商業簡報製作｜
PowerPoint (適用 2016 & 2019 版)

作　　者：林文恭
企劃編輯：郭季柔
文字編輯：王雅雯
設計裝幀：張寶莉
發 行 人：廖文良

發 行 所：碁峰資訊股份有限公司
地　　址：台北市南港區三重路 66 號 7 樓之 6
電　　話：(02)2788-2408
傳　　真：(02)8192-4433
網　　站：www.gotop.com.tw
書　　號：AEI007200
版　　次：2021 年 08 月初版
　　　　　2024 年 07 月初版四刷
建議售價：NT$360

國家圖書館出版品預行編目資料

輕鬆搞定商業簡報製作：PowerPoint (適用 2016&2019 版) / 林文
　恭著. -- 初版. -- 臺北市：碁峰資訊, 2021.08
　　面；　公分
　ISBN 978-986-502-905-0(平裝)
　1.PowerPoint 2019(電腦程式)
312.949P65　　　　　　　　　　　　　　　110011961